CONTRA A REALIDADE
A negação da ciência, suas causas e consequências

NATALIA PASTERNAK
CARLOS ORSI

CONTRA A REALIDADE
A negação da ciência, suas causas e consequências

PAPIRUS 7 MARES

Capa	Fernando Cornacchia
Coordenação	Ana Carolina Freitas
Copidesque	Mônica Saddy Martins
Diagramação	DPG Editora
Revisão	Lúcia Helena Lahoz Morelli

Dados Internacionais de Catalogação na Publicação (CIP)
(Câmara Brasileira do Livro, SP, Brasil)

Pasternak, Natalia
  Contra a realidade: A negação da ciência, suas causas e consequências/Natalia Pasternak, Carlos Orsi. – 1. ed. – Campinas, SP: Papirus 7 Mares, 2021.

ISBN 978-65-5592-015-4

1. Ciência 2. Filosofia 3. Negacionismo I. Orsi, Carlos. II. Título.

21-68719   CDD-100

Índice para catálogo sistemático:
1. Filosofia   100

Aline Graziele Benitez – Bibliotecária – CRB-1/3129

1ª Edição – 2021

Exceto no caso de citações, a grafia deste livro está atualizada segundo o Acordo Ortográfico da Língua Portuguesa adotado no Brasil a partir de 2009.

Proibida a reprodução total ou parcial da obra de acordo com a lei 9.610/98. Editora afiliada à Associação Brasileira dos Direitos Reprográficos (ABDR).

DIREITOS RESERVADOS PARA A LÍNGUA PORTUGUESA:
© M.R. Cornacchia Editora Ltda. – Papirus 7 Mares
R. Barata Ribeiro, 79, sala 316 – CEP 13023-030 – Vila Itapura
Fone: (19) 3790-1300 – Campinas – São Paulo – Brasil
E-mail: editora@papirus.com.br – www.papirus.com.br

SUMÁRIO

7	O INIMIGO É A REALIDADE
17	*EPPUR SI MUOVE*
33	INIMIGOS DE DARWIN
57	A MARCA DO CIGARRO
79	AMIGOS DE VÍRUS E BACTÉRIAS
111	O CALOR DO MOMENTO
135	OS GENES DE QUEM?
167	HOLOCAUSTO
183	EPÍLOGO

O INIMIGO É A REALIDADE

Dardanelos, na atual Turquia, é um braço de mar que separa a Europa da Ásia, conhecido na Antiguidade Clássica como Helesponto. Segundo a "História", de Heródoto (484-425 AEC), o rei persa Xerxes havia ordenado a construção de uma ponte sobre o estreito, para que seu exército pudesse marchar rumo à conquista da Grécia. No entanto, quando a ponte ficou pronta, e antes que as tropas pudessem atravessá-la, uma grande tempestade a destruiu.

Escreve Heródoto: "Quando Xerxes soube disso, ficou extremamente enfurecido. Ordenou que o mar fosse punido com trezentas chicotadas e jogou nas águas um par de correntes. Também ouvi dizer que mandou marcar o Helesponto com ferros em brasa e ordenou que os responsáveis pela construção fossem decapitados". Além disso, as águas foram alvo de "bárbaras imprecações".

Essa narrativa de Heródoto é, talvez, o mais famoso registro, na história antiga, da reação irracional de inconformidade de uma figura de poder (no caso, Xerxes, rei dos persas) diante dos fatos da natureza. Embora não configure exatamente uma instância de negacionismo – a destruição da ponte pela tempestade não chegou a ser *negada* –, a reação do monarca foi, em muitos aspectos, típica do que veríamos nos milênios seguintes, quando o poder político, econômico ou religioso foi confrontado com uma realidade inconveniente: xingamentos, acessos de fúria e a punição descabida de profissionais competentes.

Já a indiferença das águas do Helesponto às punições impostas pelo monarca traz uma lição perene que os negacionistas de todas as eras ignoram por sua própria conta e risco – e, mais grave, em detrimento de seus povos, empresas e nações: a natureza não liga para os sentimentos e as crenças particulares de ninguém.

Negacionismo, tal como definido atualmente, é a atitude de negar, para si mesmo e para o mundo, um fato bem estabelecido ou um consenso científico, na ausência de evidências contundentes.

Há razões filosóficas importantes para distinguir entre "fato estabelecido" e "consenso científico", embora, nos embates negacionistas, as duas categorias se confundam com muita facilidade. Um fato é um dado bruto da realidade – você está lendo este livro, existe uma árvore na rua do lado de fora da minha casa. Um consenso científico é uma teoria sobre como um aspecto do universo funciona – a relação entre dióxido de carbono e o clima mundial, por exemplo, ou entre fumaça de tabaco e câncer –, teoria formulada e refinada pela comunidade de especialistas no assunto, de acordo com os melhores estudos disponíveis na área.

A natureza não liga para os sentimentos e as crenças particulares de ninguém.

Consensos científicos podem ser, e são, desafiados o tempo todo. Mudam à medida que mais estudos são feitos, resultados ruins são descartados e a comunidade de especialistas se expande, trazendo novas perspectivas críticas, desenhos experimentais e abordagens.

O *negacionismo científico* acontece quando a crítica ao consenso tem bases frágeis ou inexistentes, é contumaz – ou seja, os autores insistem nela, mesmo depois que seus argumentos são devidamente corrigidos ou refutados – e torna-se grave quando se converte em espetáculo: o negacionista, incapaz de convencer os especialistas que realmente entendem do assunto, decide censurar os fatos ou, se for incapaz de fazê-lo, acaba levando seu caso para o tribunal da opinião pública.

Crença e ação

O negacionismo, na maioria das vezes, tem menos a ver com o fato ou o consenso científico específico que é negado e mais com suas consequências, reais ou presumidas. Se as pessoas não tivessem problemas para lidar com as consequências do real, não haveria motivos para brigar com a realidade tal como ela é. A lista de exemplos é enorme. Uma pequena amostra:

> Se o aquecimento global é real, então, precisamos reduzir o consumo de combustíveis fósseis. Se fumar causa câncer, então, as pessoas deveriam parar de fumar. Se transgênicos são seguros para o consumo e tão nutritivos quanto as variedades não modificadas, então, não há motivo relacionado à saúde humana para preferir alimentos orgânicos. Se a Terra gira em torno do Sol (e/ou se o ser humano é produto da evolução por seleção natural), então, a *Bíblia* está errada.

Os negacionismos surgem porque grupos poderosos ou comunidades com forte senso de identidade – étnica, religiosa, política, ideológica – veem-se ameaçados pelo que quer que venha depois do *"então"*. Esses são os grandes negacionistas históricos, incluindo a Igreja católica (que só derrubou as últimas restrições ao modelo heliocêntrico do sistema solar no século XIX, quase 200 anos após o julgamento de Galileu, e só reconheceu formalmente que estava errada sobre o caso no século passado!), o movimento criacionista, a indústria do cigarro e a do petróleo.

Como os exemplos anteriores sugerem, o incômodo laço *"se... então"* pode ser tanto ideológico quanto prático. Um fato ou um consenso científico pode desagradar, porque supostamente implica uma crença ("a *Bíblia* está errada") ou um gesto, uma atitude (parar de fumar, gastar menos gasolina).

Muita tinta já foi gasta, em filosofia, para afirmar e reafirmar a distinção entre "aquilo que é" e "aquilo que deve ser", ou entre proposições de fato – afirmações sobre como as coisas são – e proposições normativas – afirmações sobre como as coisas devem ser, sobre o que se deve fazer. Essa independência corre em mão dupla: o fato de cigarros causarem câncer não obriga ninguém a parar de fumar, mas o fato de haver gente que gosta de fumar não faz com que o tabaco pare de causar câncer.

No dia a dia, no entanto, parece prevalecer a visão de filósofos pragmáticos como o norte-americano Charles Sanders Peirce (1839-1914), para quem acreditar em algo (isto é, aceitar uma proposição de fato) equivale a assumir um compromisso de ação, fazer uma aposta (aceitar uma proposição normativa): "Afirmar uma crença, ou um juízo, é uma questão de afirmar uma proposição para si mesmo, e estar pronto para agir com base nela". Ou: "Nossas crenças guiam nossos desejos e moldam nossas ações".

Crença e identidade

Quando o grupo negacionista é minoritário, ou a evidência do erro é prevalente e abundante na cultura – especialmente quando essas duas condições se encontram –, o negacionismo tende a gerar um senso de identidade coletiva e de solidariedade mútua que se aproxima muito do que existe no meio das teorias da conspiração e de certos grupos políticos e religiosos mais radicais. A convicção de que "nós", os poucos e bons, estamos juntos na trincheira contra a iniquidade de um mundo dominado por "eles", os muitos e maus, é um potente motivador.

A mentalidade conspiratória vem a calhar, porque permite inverter o sinal da evidência. Se "eles" controlam a narrativa, qualquer prova de que o grupo negacionista está errado é, na verdade, prova de que ele está certo: são as "impressões digitais" da conspiração.

Essa descrição nua e crua pode parecer caricatural demais para se materializar na realidade, mas basta lembrar o embate dos negacionistas da mudança climática com o consenso científico – incluindo o escândalo fabricado do *Climategate*, de que trataremos em capítulo específico –, ou a insistência dos defensores do uso da hidroxicloroquina contra a Covid-19 de que todos os estudos de boa qualidade sobre a droga foram feitos de forma errada ou planejados para dar resultados negativos, e veremos que a cartada da conspiração é não só extremamente versátil como usada seguidas vezes por diversos grupos.

O senso de identidade comunitária gerado pelo negacionismo, com ou sem viés de conspiração, aumenta ainda mais o investimento de cada negacionista individual na narrativa particular de seu grupo. Ao incômodo "*se... então*" original que o leva a rejeitar os fatos ou a ciência em primeiro lugar, soma-se outro: "Se eu aceitar que os fatos são esses/a ciência está certa a respeito disso, então, vou perder meus amigos/minha igreja/meu emprego/minha reputação".

Em um estudo famoso, publicado em 2017 no periódico *Behavioural Public Policy* (pp. 54-86), o pesquisador Dan Kahan e colegas, da Universidade Yale, apresentam evidências em favor do que chamam de "cognição protetora de identidade" (CPI), definida da seguinte forma:

> Indivíduos têm um grande investimento – psicológico, assim como material – em manter seu *status* e sua posição pessoal em grupos de afinidade cujos membros são unidos pelo comprometimento com ideias morais compartilhadas. Se posições opostas quanto a um fato relevante para políticas públicas passam a ser vistas como símbolos de pertencimento e de lealdade a um grupo desses, podemos esperar que indivíduos manifestem uma forte tendência de ajustar seu entendimento de qualquer evidência que surja à posição prevalente em seu meio.

A CPI, então, configura um mecanismo psicológico de defesa que afasta as pessoas de crenças que poderiam aliená-las de parentes, amigos e, no geral, de organizações ou indivíduos de quem dependem para seu bem-estar físico ou emocional.

Com a disseminação das redes sociais e das plataformas personalizadas de conteúdo, como Facebook, Twitter ou YouTube, os laços de identidade e solidariedade entre membros de subculturas, incluindo as de negação e conspiração, alastraram-se e aprofundaram-se ao mesmo tempo.

Conspiração e política

Nem todo negacionismo degenera em teorias da conspiração, mas, quando o consenso científico é especialmente firme, algum tipo de ideação conspiratória torna-se quase inevitável: de que outra forma explicar o fato de mais de 90% dos especialistas num certo assunto insistirem em afirmar uma "óbvia falsidade"?

Quem defende a ideia de que conspirações controlam os consensos científicos costuma fazer uma série de afirmações comuns e inter-relacionadas. A lista a seguir foi adaptada da que aparece no verbete sobre teorias de conspiração da *Oxford Encyclopedia of Climate Change Communication* (*Enciclopédia Oxford de Comunicação das Mudanças Climáticas*).

1. Verbas de pesquisa foram usadas por grupos ideológicos para perverter as ciências.
2. O processo de revisão pelos pares, que decide quais resultados científicos merecem ser levados a sério, foi maculado por uma elite de cientistas que deseja calar a voz dos dissidentes.
3. A ciência publicada na área em questão (aquecimento global, transgênicos etc.) está mais comprometida em fazer avançar certa ideologia do que em descobrir a verdade.

4. Os grupos por trás dessa manipulação têm uma agenda sinistra de dominação – seja para destruir o capitalismo, seja para monopolizar a produção global de alimentos, por exemplo.

Atualmente, o negacionismo científico é muito mais saliente à direita do espectro político, mas seria errado concluir que as ideologias de esquerda têm algum tipo de imunidade especial. Um estudo publicado em 2016 pelos psicólogos Stephan Lewandowsky e Klaus Oberauer aponta que "os mecanismos cognitivos que impelem a rejeição da ciência, como o processamento superficial da evidência rumo a uma conclusão desejada, são encontrados independentemente da orientação política" (*Current Directions in Psychological Science*, v. 25, n. 4, pp. 217-222).

É importante notar que "negacionismo científico" não implica rejeição da ciência como um todo; os quatro pontos da teoria da conspiração genérica descrita acima são aplicados de modo estratégico e seletivo, não como um indiciamento da comunidade científica em geral.

Assim, a Agência de Proteção Ambiental (EPA, na sigla em inglês) do governo dos Estados Unidos pode ser vista como heroica e independente num momento, ao declarar que fumar em ambientes fechados representa um risco para a saúde pública, ou como corrupta e pervertida em outro, ao decidir que o herbicida glifosato não causa câncer. Essas avaliações se invertem, dependendo da inclinação ideológica de quem as faz.

Teorias de conspiração nascidas da direita tendem a ver governos, burocratas de carreira, acadêmicos e organizações não governamentais como conspiradores, numa tentativa de restringir liberdades, impor o socialismo ou inviabilizar a livre-iniciativa capitalista. Já as da esquerda tendem a ver estruturas estabelecidas de poder – principalmente governos ocidentais e grandes empresas – como mancomunadas para explorar e prejudicar as minorias e o cidadão comum.

Teorias da conspiração muitas vezes não passam de ferramentas retóricas usadas para veicular queixas legítimas (sim, existem estruturas burocráticas que interferem indevidamente na liberdade econômica, assim como existem, sim, práticas empresariais que realmente prejudicam as comunidades desfavorecidas e o meio ambiente), mas quando essas teorias são aceitas ao pé da letra e assumem a forma de um discurso radicalizado, travam o processo democrático: se um dos lados do debate está convencido de que o outro age de má-fé e esconde intenções despóticas, a conversa não tem como prosseguir.

Por que a preocupação?

Negacionismos são um problema por vários motivos. O mais evidente é que a visão pragmática de Peirce sobre crença e comportamento – crenças definem desejos e moldam ações – está bem próxima do modo como as pessoas pensam e agem no cotidiano. Uma definição comum de racionalidade diz que um ser é racional se tem objetivos, crenças sobre como atingir esses objetivos e ações consistentes com essas crenças na hora de buscar seus objetivos.

Se uma pessoa *acredita* que um remédio inadequado vai curar uma doença, ela tende a usar o remédio ou, pior, a dá-lo a seus filhos. Se uma pessoa *acredita* que vacinas são prejudiciais à saúde, ela tende a evitá-las em sua família.

Tão grave quanto o estímulo a ações irresponsáveis ou prejudiciais é o efeito que os negacionismos têm sobre o ambiente político e cultural da sociedade. Sem um entendimento comum mínimo sobre quais são os fatos do mundo e qual o método correto para identificá-los, todo o processo de ação coletiva e, no limite, de organização social desmorona.

Além disso, a mentalidade conspiratória cria tensão nos laços de confiança de que depende a vida em sociedade: se todos os governos e todos os astrônomos do mundo estão mentindo sobre a verdadeira forma da Terra ou a existência de vida em Marte, o que mais estariam escondendo de nós? E em quem podemos acreditar, afinal?

Não que o colapso cognitivo da humanidade esteja aí na esquina, mas os efeitos da progressiva corrosão dos parâmetros fundamentais de avaliação daquilo que é (ou não) real já se fazem sentir, por exemplo, na forma de políticas públicas que ignoram, porque negam, a ciência subjacente, os perigos do aquecimento global, do desmatamento, da disseminação de doenças pandêmicas.

Dados os apegos afetivo e identitário que os negacionismos têm, uma vez instalados, a melhor forma de combatê-los é pela prevenção. Ao expor uma série de casos exemplares, procuramos, neste livro, armar o leitor para que possa dissecar, criticar e evitar armadilhas semelhantes que, certamente, surgirão no futuro.

EPPUR SI MUOVE

"E, no entanto, ela se move", em italiano, *eppur si muove*. A lenda de que Galileu Galilei (1564-1642) teria murmurado essa frase após renunciar publicamente à ideia de que a Terra gira em torno do Sol – o que fez sob pressão, depois de ser ameaçado de tortura pela Igreja católica – é provavelmente apenas isso, uma lenda. Uma investigação conduzida pelo físico Mario Livio, autor de uma biografia de Galileu, determinou que a frase começou a circular cerca de cem anos após a morte do cientista florentino.

De qualquer modo, Livio nota que, mesmo que Galileu jamais tenha dito a frase, o sentimento que ela expressa – de saber a verdade e preservá-la consigo, mesmo depois de negá-la em público – com certeza reflete a disposição do pai da ciência moderna diante da oposição oficial a suas descobertas.

Por exemplo, cerca de 20 anos antes de sua condenação final pelo Vaticano, Galileu havia produzido duas versões de uma carta em que discutia as divergências entre o texto da *Bíblia* e observações astronômicas, uma em termos fortes, enviada a um amigo (dizendo que certos trechos do relato bíblico são "falsos"), e outra, mais suave, para circular entre os inquisidores (na qual o adjetivo "falsos" é substituído pela expressão mais suave "divergem da verdade").

O caso de Galileu é exemplar na história dos negacionismos científicos, porque sua história é reivindicada pelos dois "lados" na maioria dos debates envolvendo a ciência e aqueles que prefeririam que ela dissesse – ou que insistem, contra toda evidência, que ela diz – algo diferente: tanto cientistas quanto pseudocientistas e negacionistas se veem na posição de defensores da verdade contra um poder opressor e ignorante.

Muitos historiadores chamam atenção para o fato de que, a rigor, Galileu jamais provou que a Terra gira ao redor do Sol. Essa comprovação só viria no século XIX, quando os telescópios já eram poderosos o bastante para medir a paralaxe das estrelas distantes.

A palavra "paralaxe" se refere à mudança aparente na posição de um objeto quando visto de diferentes ângulos. Por exemplo, se você erguer um dedo diante do nariz e piscar primeiro só com um olho e depois só com o outro, verá que o dedo parece "pular" para a direita ou para a esquerda.

Por causa da órbita da Terra, as estrelas fixas (aquelas que se encontram tão distantes de nós que, para todos os efeitos práticos, podem ser consideradas imóveis) parecem ter se deslocado, quando observadas em diferentes partes do ano. Se a posição de uma mesma estrela fixa for medida com precisão duas vezes no ano, com um intervalo de seis meses – isto é, quando a Terra se encontra em lados opostos do Sol, como os olhos estão em lados opostos do nariz –, um efeito como o do "salto" do dedo deve ser perceptível. O problema, para Galileu, era que esse efeito é pequeno demais para ser medido com o tipo de equipamento disponível no século XVII. A paralaxe das estrelas distantes só foi detectada, de fato, em 1806, e medida com alguma precisão em 1838.

O que Galileu pôde observar com as tecnologias de seu tempo (tecnologias, como o telescópio, que ele ajudou a aperfeiçoar) foi que a Lua se parecia muito com uma rocha, já que continha crateras e montanhas; não era uma esfera perfeitamente lisa, feita de algum material celeste imperecível; que existem muito mais estrelas no céu do que as visíveis a olho nu; que a Via Láctea (uma faixa esbranquiçada hoje pouco visível no céu noturno, por causa da poluição luminosa das grandes cidades) era feita de incontáveis estrelas; que o planeta Júpiter tem luas próprias e que o planeta Vênus, quando observado pelo telescópio, apresenta fases, como a Lua.

O que essas observações demonstravam era a insustentabilidade do sistema usado para descrever o universo, então baseado nos escritos do filósofo grego Aristóteles (384-322 AEC) e do astrólogo egípcio Claudio Ptolomeu (100-170 EC), que punha a Terra no centro de um sistema complexo de esferas e epiciclos – espécie de engrenagens celestes usadas para explicar por que alguns planetas parecem, às vezes, dar "marcha à ré" em suas órbitas – e dizia que as estrelas fixas eram pontos de luz cravados numa esfera de cristal que envolvia o conjunto do Sol e dos planetas. Nesse sistema, Vênus não deveria jamais apresentar uma fase "cheia", a Lua e os demais corpos celestes seriam feitos de um material perfeito e imperecível e todas as estrelas distantes estariam exatamente à mesma distância da Terra, já que fixadas na superfície da esfera de cristal no limite do Universo.

As observações de Galileu permitiam, objetivamente, descartar a ideia de que Vênus girava em torno da Terra, de que as estrelas ocupavam uma esfera fixa no céu, de que a Terra era o centro de todo o movimento celeste (já que Júpiter também tinha luas) e de que os corpos celestes eram feitos de algum material incorruptível e imutável, essencialmente diverso daqueles que existem na Terra (além de montanhas e crateras na Lua, Galileu também viu manchas e movimentos no Sol).

Supor o Sol como centro de um sistema formado por corpos feitos dos mesmos tipos de material que a Terra eliminava a necessidade de epiciclos – se todos os planetas orbitam o Sol, alguns vão parecer andar "para trás" quando a Terra os ultrapassar em sua trajetória anual –, explicava adequadamente as fases de Vênus e ainda abria espaço para acomodar uma infinidade de estrelas a distâncias variadas e assimilar outros planetas dotados de luas.

Numa manobra que seria repetida diversas vezes ao longo da história dos negacionismos, adversários do modelo heliocêntrico (isto é, o Sol no centro) apegaram-se a um detalhe isolado (no caso, a ausência de uma prova concreta da paralaxe das estrelas distantes) e ignoraram seletivamente o contexto maior trazido pelas observações de Galileu – as fases de Vênus, a demolição da esfera de estrelas fixas, a complicação desnecessária dos epiciclos.

Um modelo alternativo, proposto pelo astrônomo dinamarquês Tycho Brahe (1546-1601), punha todos os planetas, exceto a Terra, girando em torno do Sol – e o Sol, por sua vez, orbitando a Terra. Galileu considerava esse sistema pouco racional e desnecessariamente complexo.

Como é marca dos diversos negacionismos, a relutância em aceitar a conclusão mais lógica que se podia tirar do trabalho de Galileu – de que a Terra e os demais planetas giram em torno do Sol – tinha menos a ver com os fatos disponíveis e mais com o medo das consequências, reais ou imaginárias, atribuídas à eventual aceitação desses fatos.

Para a Inquisição, mais preocupante, talvez, do que a possibilidade de a *Bíblia* estar errada era a de que Galileu Galilei, ao insistir que passagens bíblicas sobre astronomia deveriam ser lidas como linguagem figurada, estivesse se declarando capaz de interpretar as Escrituras melhor do que a autoridade religiosa.

Já o temor de que a *Bíblia* não seja literalmente verdade, palavra por palavra, deu origem a dois movimentos negacionistas típicos do

Como é marca dos diversos negacionismos, a relutância em aceitar a conclusão mais lógica que se podia tirar do trabalho de Galileu – de que a Terra e os demais planetas giram em torno do Sol – tinha menos a ver com os fatos disponíveis e mais com o medo das consequências, reais ou imaginárias, atribuídas à eventual aceitação desses fatos.

século XIX, um que nunca foi embora e outro que pareceu sumir por algumas décadas, mas retornou. O primeiro, o criacionismo, será tratado em detalhe num capítulo próprio deste livro. O outro, que voltou com força agora no início do século XXI, é talvez o mais improvável de todos: o terraplanismo.

Terra plana

Se você estiver parado numa praça ou olhando pela janela de um prédio não muito alto, não há como negar que a Terra parece plana. Um argumento que aparece com frequência em manifestações terraplanistas, aliás, é o de que o terraplanismo se baseia na "evidência dos sentidos", ao passo que a realidade científica, de que o formato de nosso planeta se aproxima, em muito, ao de uma esfera, dependeria de "teorias" e "equações".

A implicação aparente é a de que a tal "evidência dos sentidos" reflete uma experiência direta, palpável, sólida e imediata, ao passo que "teorias" e "equações" são coisas difíceis de compreender, manipuláveis por espertalhões maliciosos.

Pondo de lado a preguiça intelectual evidente aí – "se dá trabalho para entender, deve ser bobagem" não é argumento, é desculpa –, a verdade é que basta dar um pouco mais de atenção à evidência dos sentidos para notar que a hipótese de uma Terra plana não se sustenta, tanto que os mais antigos argumentos a favor da esfericidade do planeta remontam a Aristóteles, quase dois mil anos antes dos primeiros telescópios astronômicos e das fotos tiradas do espaço. Entre os fatores enumerados pelo sábio grego estão os fatos de que a sombra da Terra, projetada na Lua durante um eclipse, é circular; de que os navios, quando somem no horizonte, desaparecem de baixo para cima (primeiro o casco, só depois os mastros e velas), o que é compatível com o movimento de quem está descendo uma curva; de que quem viaja longas distâncias para o Norte ou para o Sul vê estrelas diferentes no céu, dependendo da latitude. Todos esses fatos, conhecidos na Antiguidade, são fortes indícios de que o planeta é uma esfera. No caso das estrelas, a dedução feita é de que a curvatura da Terra esconde alguns astros e revela outros – uma estrela posicionada sobre o Polo Norte seria invisível abaixo do equador, por exemplo.

Os problemas de Galileu com o cristianismo não vieram de suas ideias sobre a forma da Terra, já que a cosmologia predominante no Ocidente europeu de sua época era, exatamente, a aristotélica.

A ideia de que, durante a Idade Média, o dogma cristão exigia crença numa Terra plana é falsa. É verdade que teólogos importantes, como Agostinho de Hipona (354-430), preocupavam-se com a questão da "habitabilidade dos antípodas", em outras palavras, se o hemisfério terrestre oposto à Europa seria habitado por seres humanos. Mas a preocupação tinha mais a ver com o que isso diria a respeito da misericórdia divina (se deus teria feito a "maldade" de colocar almas humanas fora do alcance da mensagem de Jesus) do que com o formato preciso do planeta.

Agostinho não parece muito convencido de que a Terra é redonda ("Mesmo se fôssemos acreditar, ou por algum meio racional demonstrar, que a Terra é redonda ou um globo...", escreve em *Cidade de Deus*, livro XVI, capítulo 9), mas a questão, para ele, não tem grande importância.

Existiu, é verdade, um par de pensadores cristãos da Antiguidade tardia e da era medieval que defendeu a necessidade teológica de a Terra ser plana. Um deles foi Lactâncio (250-350), que, em seu livro *Institutos divinos*, se refere à redondeza da Terra como uma "ficção maravilhosa" e "tolice". Outro foi Cosmas, monge grego que viveu por volta do ano 550. Esse monge viajou pela Ásia e desenhou alguns mapas muito apreciados em sua época, mas mesmo os contemporâneos que respeitavam seu trabalho como cartógrafo achavam suas ideias terraplanistas meio malucas.

Duas opiniões isoladas, no entanto, não definem dogma ou doutrina. O mito de que o cristianismo medieval implicava, por necessidade, o terraplanismo parece ter sido lançado, de início, por protestantes que pretendiam ridicularizar a educação oferecida em escolas católicas no século XVIII, mas ateus e secularistas logo se apropriaram do mote.

Em uma biografia de Cristóvão Colombo publicada em 1828, o escritor Washington Irving (1783-1859) diz que a questão da terra plana havia sido um obstáculo para o navegador genovês vender à monarquia da Espanha sua ideia de chegar às Índias navegando para Oeste. Irving criou uma cena em que Colombo é sabatinado por sábios católicos da corte espanhola e "à sua proposição mais simples, a forma esférica da Terra, foram opostos textos da Escritura". O livro de Irving foi um *best-seller*, e a fábula dos sábios monges terraplanistas entrou não só no senso comum, como na literatura acadêmica, aparecendo, por exemplo, num influente artigo francês, "As opiniões cosmológicas dos pais da Igreja", de Jean Antoine Letronne (1787-1848).

Porém, a principal figura da construção do mito da Terra plana como pedra angular da cristandade foi o norte-americano Andrew Dickson White (1832-1918), cofundador e primeiro presidente da Universidade Cornell. Diferentemente de outras instituições privadas de ensino superior dos Estados Unidos, como Harvard ou Yale, Cornell não foi fundada por religiosos nem constava de seu mandado original a missão de propagar alguma fé. White tinha a intenção de deixar esse diferencial muito bem marcado e, em 1896, publicou um monumental tratado em dois volumes, *A history of the warfare of science with theology in Christendom* (*História da guerra entre ciência e teologia na Cristandade*), que se tornou o paradigma do chamado "modelo do conflito" como chave para a compreensão das relações históricas entre ciência e religião.

Escrito em tom polêmico e agressivo, o tratado de White pinta, em cores fortes, diversos momentos históricos em que alguma autoridade religiosa disse alguma bobagem sobre ciência (por exemplo, vetos religiosos ao uso de para-raios e a medidas de saúde pública), e concentra fogo na tentativa de demonstrar que a cristandade medieval tinha o terraplanismo como dogma. A influência de Cosmas, principalmente, é exagerada para além de qualquer proporção com a realidade. Retomando o mito criado por Irving, White afirma ainda que "o terror" que os marinheiros sentiam de cair pela borda da Terra "foi um dos principais obstáculos à grande viagem de Colombo".

Isso não quer dizer, no entanto, que a fé religiosa tenha sido de todo inocente na gênese do terraplanismo. O pai do movimento terraplanista contemporâneo, o britânico Samuel Birley Rowbotham (1816-1884), citava a fidelidade à palavra do deus cristão como uma de suas principais motivações. Sua obra-prima, *Earth not a globe* (*A Terra não é um globo*), é pródiga em citações da Escritura, como o Salmo 136 (135, na *Bíblia* católica), onde se lê que deus é "Aquele que estendeu a terra sobre as águas" (Salmos, 136:6, versão protestante) ou "Ele estendeu a terra sobre as águas" (Salmos, 135:6, versão católica).

"Estender", vai o raciocínio, sugere uma superfície plana – o que pode parecer uma leitura um pouco estrita demais de um texto poético, mas gente que acha que o mundo foi criado em seis dias, só porque a *Bíblia* diz, não está em boa posição para reclamar da falta de senso poético e do excesso de literalismo dos outros.

Além disso, o clássico *Atlas da Terra Plana*, publicado em 1893 pelo norte-americano Orlando Ferguson (1846-1911), está todo baseado em citações bíblicas, por exemplo: "Pois ele firmou o mundo para que não se abale" (1 Crônicas 16:30), "se abale", aqui interpretado como "se mova"; "E o sol se deteve, e a lua parou até que o povo se vingou de seus inimigos" (Josué 10:13); "Depois disto, vi quatro anjos em pé nos quatro cantos da terra" (Apocalipse 7:1).

Agora no século XXI, a maioria dos terraplanistas ignora, ou ao menos tenta disfarçar, as raízes de seu movimento no fundamentalismo religioso, apelando para a "evidência dos sentidos" ou para o "simples bom senso". No entanto, a confiança nesses critérios fundamentais termina no momento em que eles contradizem a ideologia conspiratória bizarra do grupo. Isso fica perfeitamente claro para qualquer um que tenha assistido ao documentário *A Terra é plana*, lançado pela Netflix em 2018. Dois experimentos simples, um utilizando um giroscópio e outro, estacas fincadas ao longo da superfície plana de um lago, demonstram a curvatura do planeta. Ambos os resultados são pura evidência dos sentidos. Ainda assim, os terraplanistas, que antes pareciam totalmente dispostos a aceitar a verdade mostrada pelos experimentos, viesse o que viesse, logo se desdobraram em desculpas e tergiversações.

Fazendo um paralelo histórico, trata-se de uma atitude que lembra a do papa Urbano VIII (1568-1644), insistindo em que não importava o que Galileu tivesse visto no telescópio, Deus, em sua onipotência, poderia dar um jeito de a Terra parecer girar em torno do Sol e, ainda assim, manter-se, na verdade, fixa no centro do Universo. É um modelo de raciocínio que encontraremos várias vezes ainda ao longo deste livro.

O experimento das estacas, em particular, e a incapacidade dos terraplanistas convictos de aceitar o resultado têm uma história longa e complexa. Em 1870, a revista *Nature* já trazia nota sobre uma aposta de 500 libras (algo em torno de 59 mil libras em dinheiro de hoje, ou praticamente meio milhão de reais, no câmbio de 2020) entre um terraplanista, John Hampden, e um dos descobridores da evolução por seleção natural, Alfred Russell Wallace (1823-1913), para determinar a forma da Terra.

Lições do passado

Foram usados três marcadores de altura – duas pontes, separadas por dez quilômetros, e uma estaca, fincada no leito de um rio no meio do caminho entre elas. Uma das pontes tinha o parapeito a quatro metros de altura acima do nível de água e ali foi montado um telescópio; a estaca foi adornada, na mesma altura de quatro metros, com um disco colorido. Na segunda ponte, foi estendida uma bandeira com uma faixa preta horizontal, que marcava, você adivinhou, quatro metros acima da água.

Por meio do telescópio na primeira ponte, buscou-se uma linha de visada ligando o disco da estaca à faixa preta da segunda ponte. A aposta dizia respeito à altura aparente do disco. Se a Terra é redonda, ele deveria parecer mais alto do que a faixa preta, porque estaria no ponto mais alto da curva ligando as duas pontes. Se a Terra é plana, a linha entre as pontes seria uma reta horizontal, e o telescópio, o disco e a faixa deveriam se mostrar perfeitamente alinhados. Resultado nada surpreendente: visto pelo telescópio, o disco na estaca aparecia mais de 1,5 metro acima da faixa da bandeira pendurada na segunda ponte. Hampden e seu patrocinador, um senhor Carpenter, no entanto, recusaram-se a pagar a aposta.

De acordo com o relato na *Nature*,

> embora os diagramas do que foi visto pelos telescópios em ambas as extremidades, reconhecidos como corretos tanto pelo senhor Carpenter quanto pelo senhor Hampden, mostrem o sinal central mais de cinco pés acima da linha dos extremos, esses cavalheiros friamente proclamaram vitória e ameaçaram processar [o árbitro da aposta, por] decidir fraudulentamente contra eles.

Alguns meses depois, a *Scientific American* oferecia um relato um pouco mais detalhado: ao olhar pelo telescópio, dizia a revista americana, "o senhor Hampden se declarou convencido de que havia perdido a aposta". Porém, mais tarde, mudou de ideia. "O experimento e o telescópio estavam nivelados, mas nem tanto a cabeça do senhor Hampden", prossegue o texto da publicação. "Sua razão lhe dizia que a Terra ainda era plana, não redonda, como o telescópio mentiroso e as estacas perjuras haviam afirmado. Ele também concluiu que Wallace era um charlatão".

Em sua autobiografia, publicada em 1905, Wallace reproduz uma versão ainda mais surrealista dos eventos. De acordo com ele, Hampden se recusou a olhar pelo telescópio. Apenas seu patrocinador e "árbitro" – o tal "senhor Carpenter", que, segundo a narrativa do naturalista, era um gráfico chamado William – verificou as alturas relativas das marcações de quatro metros.

William Carpenter não só teria confirmado verbalmente que o poste parecia mais alto do que a segunda ponte, como assinou um diagrama (reproduzido a seguir) mostrando exatamente essa disposição. Porém, insistiu que a diferença de altura demonstrava que as marcações estavam alinhadas e que isso provava que a Terra era plana!

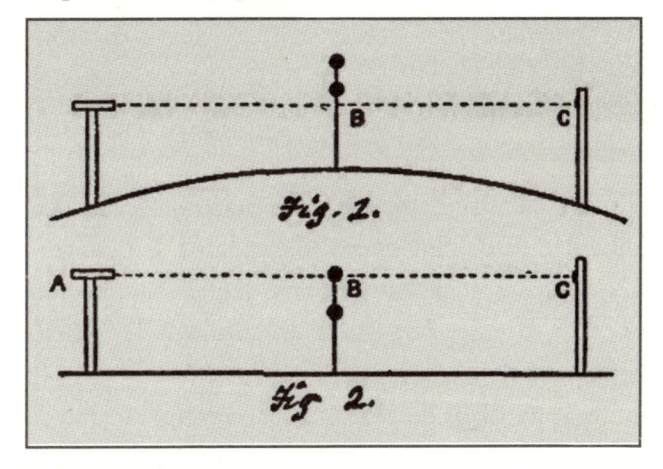

Fig. 1.
Fig. 2.

No que diz respeito a "confiar nos próprios sentidos", isso equivale a olhar para um círculo, atestar, assinando um desenho, que a forma vista é um círculo, mas tentar argumentar que ver um círculo prova que a forma avistada é, na verdade, um quadrado.

Processos judiciais foram abertos. Hampden acabou condenado. Wallace, no entanto, arrependeu-se de ter entrado na refrega, porque o terraplanista derrotado passou mais de uma década perseguindo-o, escrevendo cartas difamatórias para seus amigos e para sociedades científicas e chegou a enviar correspondência contendo ameaças à esposa de Wallace, avisando-a de que algum dia o marido seria carregado para casa "com a cabeça fraturada".

Hampden imprimia e distribuía panfletos contra Wallace, pedia desculpas e retratava-se cada vez que era processado por danos morais, mas retomava a campanha difamatória assim que o juiz virava as costas. É aterrador imaginar o que um sujeito assim poderia ter conseguido, nestes tempos de *fake news*, pânicos morais e redes sociais.

Terraplanismo atual

O movimento terraplanista originado no século XIX com Rowbotham e discípulos como Hampden e Carpenter nunca chegou a desaparecer de fato, embora tenha mantido um perfil bem discreto durante boa parte do século XX. Nos Estados Unidos, Charles K. Johnson presidiu a Sociedade Internacional de Pesquisa da Terra Plana de 1972 até sua morte, em março de 2001.

Na década de 1990, essa sociedade chegou a contar com 3,5 mil membros pagantes, até que um incêndio destruiu sua sede, em 1995. As chamas consumiram todos os registros e os arquivos do grupo. Em 2001, quando Johnson morreu, havia menos de cem participantes ativos, de acordo com o obituário publicado em *The New York Times*.

Com a morte do homem que a havia encabeçado por quase 30 anos, a sociedade entrou numa espécie de coma. O grupo foi ressuscitado na Inglaterra, em 2004, quando um norte-americano radicado em Londres, Daniel Shenton, reivindicou a presidência vacante da organização para si. Atualmente, segundo o *site* da sociedade, Shenton vive em Hong Kong.

A Sociedade da Terra Plana é parte do atual movimento terraplanista, mas não o lidera. A comunidade terraplanista é descentralizada e se organiza ao redor de ídolos lançados pelo YouTube e por outras redes sociais. Há disputas internas sobre qual o modelo "real" da Terra plana – um dos contendores defende que o planeta é um enorme estúdio de TV e o céu, um domo de planetário.

E aqui chegamos àquela que talvez seja a principal diferença entre o terraplanismo vitoriano e o do nosso século: o preço a ser pago para sustentar a negação da forma esférica da Terra. Se as provas de Aristóteles podiam, com alguma engenhosidade e habilidade retórica, ser contestadas, a evidência dos voos intercontinentais, das imagens do espaço, e a existência de sondas interplanetárias e satélites artificiais (incluindo o sistema GPS) tornam insustentável o apelo à "evidência dos sentidos".

O terraplanismo, então, corre o risco de se converter numa espécie de hipernarrativa que amarra, numa só conspiração, de geólogos e geógrafos a astrônomos e astronautas, de capitães de navio de cruzeiro a pilotos de avião, historiadores, jornalistas e militares de todas as Forças Armadas de todos os países do mundo (ou, ao menos, dos países que têm Força Aérea, Marinha ou programa espacial). O absurdo dessa proposição parece evidente até mesmo para alguns terraplanistas.

A Flat Earth Wiki, uma espécie de Wikipedia mantida pela Sociedade da Terra Plana, afirma que não existe uma conspiração de agências espaciais para esconder do público a verdadeira forma da Terra; o que existe, segundo a sociedade, *é uma conspiração para esconder o fato de que viagens espaciais nunca aconteceram.* "O material de mídia da Nasa mostra a Terra como redonda porque a Nasa pensa que ela é redonda", diz a explicação. "Eles não estão tocando um programa espacial de verdade, então, não têm como saber qual a verdadeira forma da Terra."

Para manter a consistência, também é necessária outra conspiração, ligada à das agências espaciais, envolvendo todos os lançadores comerciais de satélites e todos os técnicos, engenheiros e cientistas que trabalham com tecnologias que dependem de satélites, como transmissões de televisão, GPS e a internet. E esse é só o começo.

Não está claro se trocar uma única hiperconspiração universal por uma série de megaconspirações individuais que, em conjunto, conspiram (desculpem-nos) para sustentar a "ilusão" de uma Terra esférica realmente ajuda a tornar o cenário mais plausível, mas algum arranjo do tipo é inevitável: o que começa como um apelo à informação imediata dos sentidos e uma negação de teorias "complicadas" termina como uma negação dos sentidos e a teoria mais complexa, instável e inacreditável de todas.

INIMIGOS DE DARWIN

A palavra "criacionismo", em geral, pode ser interpretada de duas formas. A menos usada no debate público atual é a que poderíamos chamar de criacionismo *metafísico* ou filosófico, a ideia de que o Universo em geral e a vida na Terra em particular têm sua origem na vontade de uma inteligência superior e de acordo com os planos dela. A maioria das pessoas provavelmente acredita em algo desse tipo, crença que não se choca, em princípio, com a ciência, embora deixe algumas arestas que teólogos e outros filósofos vêm tentando aparar há milênios.

A segunda acepção, que podemos apelidar de criacionismo *efetivo*, é a que vê a explicação baseada na inteligência sobrenatural como algo que existe no mesmo plano, portanto, como concorrente direta – e superior – à dada pela ciência e pelo método científico. Essa vertente passou por diversas mutações (sem ironia) em seu berço, os Estados Unidos, onde, ao longo do século XX, foi sendo forçada a bater em retirada por juristas e cientistas.

O criacionismo de que tratamos neste capítulo, então, pode ser definido como um movimento que busca impor como verdade literal, em pé de igualdade com a ciência, os escritos da *Bíblia* sobre a criação do Universo e da vida. O movimento, como dissemos, originou-se nos Estados Unidos, mas foi exportado para diversos países e com bastante sucesso para o Brasil.

Esse criacionismo é considerado um movimento negacionista, porque nega um dos fatos científicos mais bem estabelecidos de todos os tempos, a teoria da evolução, e busca interferir até mesmo em seu ensino nas escolas. Como todas as pseudociências, tenta se fantasiar de ciência e recebeu várias denominações ao longo da história, como *design* inteligente, ciência da criação e criacionismo científico. Divide-se entre o movimento da Terra Jovem – aquele que leva ao pé da letra o Gênesis e acredita que a criação se deu em sete dias e que o planeta tem de seis a dez mil anos –, e o da Terra Velha, que acredita que o planeta se formou há mais de quatro bilhões de anos, segundo mostra a geologia moderna, mas nega a origem das espécies de acordo com a evolução darwiniana.

Qualquer que seja a corrente, a ideia central é de que a diversidade das espécies e a complexidade dos seres vivos jamais poderiam existir se todo o processo não tivesse sido guiado por um gerente/projetista, e que as intervenções desse administrador sobrenatural teriam deixado sinais "evidentes" por toda parte, sinais que, de acordo com os criacionistas de todas as tribos, contradizem frontalmente o consenso científico em torno da evolução.

Os adeptos da Terra Velha nem gostam de ser chamados de criacionistas, preferem vestir roupagem "científica" e seguem denominações inventadas justamente para impressionar. Usam, como toda pseudociência, a linguagem da ciência e até argumentos científicos, além de citações de cientistas famosos tiradas de contexto, para vender a ideia de que a noção de um criador universal é baseada em ciência, não se tratando apenas de uma questão de fé.

Os da Terra Jovem, por sua vez, muitas vezes exibem orgulho da força de sua fé no conteúdo literal dos capítulos iniciais da *Bíblia* e tendem a ser mais explícitos em seu desprezo pelo valor da evidência científica. Aqui é possível encontrar alguma intersecção com o movimento terraplanista, embora a maioria dos criacionistas, mesmo na ala da Terra Jovem, tenda a tratar seus "primos" da Terra Plana como um bando de excêntricos a ser mantido a distância. Aqui também se encontram os que acatam os cálculos feitos pelo bispo irlandês James Ussher (1581-1656). No século XVII, ele determinou, baseado em datas que aparecem na *Bíblia*, que o Universo surgiu ao anoitecer de 23 de outubro de 4004 AEC.

História

O movimento criacionista começou nos Estados Unidos, como dito anteriormente. Quando o ensino da evolução foi oficialmente adotado, no começo do século XX, iniciou-se uma movimentação contrária, de caráter religioso, temerosa de que o aprendizado de Darwin afastasse crianças e jovens da fé. Esse movimento era predominantemente protestante. A Igreja católica, talvez graças à memória do vexame histórico causado por seu embate com Galileu, nunca se opôs oficialmente à teoria da evolução nem a seu ensino no contexto das ciências biológicas.

Numa encíclica de 1950, *Humani Generis*, o papa Pio XII (1876-1956) aponta que "o magistério da Igreja não proíbe que nas investigações e disputas entre homens doutos (...) se trate da doutrina do evolucionismo, que busca a origem do corpo humano em matéria viva preexistente", mas ressalva que "a fé nos obriga a reter que as almas são diretamente criadas por Deus". E uma tradução recente da *Bíblia* em português para fiéis católicos, autorizada pela Conferência Nacional dos Bispos do Brasil, diz, em nota de rodapé ao livro do Gênesis, que o relato da criação "não é uma aula de ciências".

Como tudo na história, os movimentos criacionistas não surgem espontaneamente, no vácuo. Agitações populistas costumam seguir um sentimento social de alienação. Nesse caso específico, havia uma forte tendência favorecendo a interpretação literal da *Bíblia* nos Estados Unidos no período imediatamente anterior à Guerra de Secessão (1861-1865), principalmente no discurso antiabolicionista, que defendia a manutenção da escravidão no país. Por exemplo, James Shannon (1799-1859), pregador protestante, presidente do Bacon College no estado de Kentucky, dizia que negar que a *Bíblia* autoriza a escravidão era sinal de "ignorância" ou "infidelidade" na boca dos cristãos abolicionistas.

Os Estados Unidos sempre foram um país majoritariamente cristão, com a população pulverizada entre diversas denominações protestantes, que se multiplicavam (como ainda se multiplicam) graças à combinação da tradição de liberdade interpretativa e inovação teológica, insuflada desde a ruptura com a hierarquia católica no início do século XVI, com o senso de iniciativa, autoconfiança e liberdade individual comuns ao mito norte-americano.

Na escalada rumo à Guerra de Secessão, a escravidão, ponto nevrálgico do conflito, emerge como questão controversa na interpretação da *Bíblia*. Afinal, seria Jesus contra ou a favor da escravidão? Enquanto o Norte acreditava que o "espírito" da *Bíblia* era contrário à posse de escravos, o Sul apontava que Jesus em momento algum condenava explicitamente a escravidão e, em certas passagens, parecia mesmo endossar a prática. Houve até cisão dentro das denominações, como a que separou os Batistas do Norte e os Batistas do Sul. O impasse da escravidão indica uma primeira divergência entre os norte-americanos na maneira de interpretar a *Bíblia*: literal ou liberal. E a interpretação literal podia ser usada para favorecer a escravidão.

Mesmo antes de Charles Darwin (1809-1882) publicar *A origem das espécies*, em 1859, no início do século XIX já havia geólogos estabelecendo que a Terra era muito mais antiga do que os seis mil anos descritos na *Bíblia* e que o dilúvio universal exposto na fábula de Noé não se sustentava diante das evidências de sedimentação e registro fóssil. Após a publicação de Darwin, o conservadorismo teológico que se formou em oposição a essas ideias ganhou projeção. Darwin foi acusado de fazer apologia do ateísmo. No entanto, naquela época, o descontentamento não era organizado em grupos ou movimentos, e a oposição religiosa se apresentava como tal, religiosa ou filosófica, sem buscar mimetizar a ciência.

A evolução só se tornou o assunto dominante no embate entre literalismo bíblico e ciência no começo do século XX. O ano de 1923 marcou a publicação do livro *The new geology* (*A nova geologia*), de George McCready Price (1870-1963), talvez o primeiro trabalho de propaganda criacionista a aparecer fantasiado de ciência. Esse livro promovia a "veracidade" da arca de Noé, apresentando análises enviesadas e distorcidas de registro fóssil.

Naquela época também, no estado de Tennessee, foi aprovada a Lei Butler, que proibia o ensino da evolução em escolas, o que culminou no episódio do julgamento do professor

John Scopes (1900-1970), que depois virou enredo do filme *O vento será tua herança*. Violando deliberadamente a lei que proibia professores do ensino público de contradizer a narrativa bíblica da criação, Scopes expôs-se a uma ação judicial que se tornou um grande espetáculo público do conflito entre ciência e literalismo bíblico.

A acusação foi conduzida por William Jennings Bryan (1860-1925), três vezes candidato à presidência e secretário de estado do governo federal durante a Primeira Guerra Mundial. A defesa foi conduzida pelo advogado agnóstico Clarence Darrow (1857-1938). Embora a cobertura do julgamento pela imprensa tenha ajudado a expor o absurdo das ideias criacionistas para o público, no fim Scopes foi considerado culpado e multado em 100 dólares. Sua condenação foi posteriormente revertida durante uma apelação, e não se seguiram mais processos.

Leis contra o ensino da teoria da evolução perdurariam por décadas em estados como Arkansas e Mississippi, além do próprio Tennessee, e, uma vez derrubadas, muitas vezes ressurgiam na forma de legislação que exigia "tratamento equilibrado" entre evolução e criacionismo nas escolas públicas. O sentimento antievolução estava instaurado. Livros didáticos norte-americanos da época começaram a retirar menções à evolução para minimizar a exposição das crianças ao tema. Até hoje, a grande batalha do criacionismo está dentro das salas de aula.

As ideias criacionistas voltaram a chamar atenção nos anos 1950. Durante a Guerra Fria, e principalmente diante das vitórias iniciais da União Soviética na corrida espacial, os Estados Unidos perceberam sua deficiência em educação científica, e o governo resolveu investir pesadamente no ensino de ciências. A evolução voltou aos livros didáticos e, com isso, o movimento contrário também.

Foi em 1961, mesmo ano em que Yuri Gagarin (1934-1968) se tornou o primeiro homem no espaço, que o engenheiro hidráulico Henry Morris (1918-2006) e o estudioso da *Bíblia* John Whitcomb (1924-2020) publicaram o que viria a ser a bíblia do criacionismo, o livro *Genesis flood: The biblical record and its scientific implications* (*O dilúvio do Gênesis: O registro bíblico e suas implicações científicas*). Nesse livro, eles não só defendem o mito da criação em seis dias, como tentam desconstruir a evolução darwiniana com argumentos bastante falaciosos. Seguem-se alguns deles.

O mais famoso: é só uma teoria e, se é uma teoria, não é fato. Esse argumento se aproveita do uso científico do termo "teoria". Falamos em teoria da relatividade de Einstein, por exemplo, como um compilado de leis da física e, muitas vezes, usamos a palavra "teoria" de forma coloquial, como uma hipótese, "eu tenho uma teoria para explicar isso". É uma mera sugestão, que pode ser refutada ou aceita. Porém, teorias científicas não são hipóteses. Não há nada hipotético sobre a evolução, ela é um fato baseado em observação histórica, mas que pode ser estudado também experimentalmente, em microrganismos, que, pelo seu tempo de geração, permitem acompanhar o processo em tempo real. Observando-se bactérias em um meio de cultura com antibiótico, por exemplo, em poucas gerações

Muitas vezes, usamos a palavra "teoria" de forma coloquial, como uma hipótese, "eu tenho uma teoria para explicar isso". É uma mera sugestão, que pode ser refutada ou aceita. Porém, teorias científicas não são hipóteses.

é possível isolar variedades resistentes a esse medicamento. É a pressão seletiva do meio em ação.

Outro argumento: o mecanismo da evolução é tautológico, um raciocínio circular. Como a afirmação de que a evolução é a sobrevivência do mais forte, mas só sabemos quem são os mais fortes porque são eles que sobrevivem. Ou o argumento de que fósseis são usados para medir a idade das rochas, que são usadas para medir a idade dos fósseis. Esse argumento também não se sustenta. Primeiro, evolução não é sinônimo de seleção natural, e não trata apenas da sobrevivência do mais apto. Aptidão é apenas um aspecto. Evolução é uma ciência histórica, e não preditiva. Dizer que seu aspecto histórico é tautológico é o mesmo que dizer que a história é tautológica – por exemplo, que sabemos que D. Pedro I foi imperador do Brasil, porque temos documentos da época que dizem isso, mas só confiamos nos documentos da época que dizem isso porque sabemos que D. Pedro I foi imperador do Brasil.

Assim como a história não é feita apenas de documentos oficiais, mas também da memória, de artefatos não textuais e da relação contextual desses materiais entre si e com documentos, memórias e artefatos sem relação direta com o objeto de estudo, a seleção natural é apenas um aspecto da evolução, não o único. Acaso e deriva genética são igualmente importantes e, certamente, mais frequentes.

De resto, o caráter histórico não torna a evolução "infalseável", como dizem alguns criacionistas, sequestrando conceitos da filosofia da ciência proposta pelo austríaco Karl Popper (1902-1994). Para Popper, uma ideia só mereceria ser considerada científica se houvesse algum teste ou algum fato possível de acontecer no mundo capaz de provar que ela é falsa. Perguntado sobre o que "falsearia" a evolução, o biólogo inglês John Burdon Sanderson Haldane (1892-1964) teria respondido: "fósseis de coelhos no Pré-Cambriano". O Pré-Cambriano é o período da história geológica da Terra que terminou cerca de 540 milhões de anos atrás. Os primeiros ancestrais dos mamíferos modernos aparecem no registro fóssil no Triássico, cerca de 200 milhões de anos atrás.

A análise de registros fósseis permite fazer inferências após a coluna geológica estar estabelecida. Essa coluna tem uma ordem não aleatória, e a idade cronológica pode ser inferida com base em diversos fatores. Um deles é o registro fóssil, mas existem ainda técnicas de datação por radioisótopos – baseada na taxa de decaimento dos átomos radioativos aprisionados nas rochas – que são independentes do registro fóssil e confirmam as datas inferidas dele.

Falando em registro fóssil, muitos criacionistas da Terra Jovem alegam que fósseis são evidência do dilúvio de Noé. Primatas (como os macacos) aparecem por cima no registro fóssil, por exemplo, porque eram mais ágeis do que dinossauros e fugiram para as montanhas, tendo, então, sido pegos por último pela subida das águas. Também alegam que, se a evolução é contínua, o registro fóssil deveria conter todos os tipos intermediários entre as diferentes espécies existentes. Isso mostra uma completa ignorância sobre o processo evolutivo e também sobre a fossilização.

A evolução não se dá de uma espécie para outra ou, como sugere aquele argumento recorrente, "se viemos do macaco, por que ainda existem macacos?". A evolução é gradual, e muitas das espécies ancestrais desaparecem – seja porque seus descendentes na atualidade já pertencem a outras espécies, seja porque não deixaram descendentes. Muitas formas intermediárias aparecem, sim, no registro fóssil, mas nem tudo o que já viveu acaba fossilizado. Ainda existem macacos porque não somos descendentes dos macacos modernos, mas de ancestrais comuns, extintos, que compartilhamos com eles.

    A infame figura da marcha da evolução, que supostamente mostra a origem humana, do "macaco" ao homem moderno, prestou um tremendo desserviço à compreensão da evolução, pois dá a impressão de uma escala dirigida, em que o ser humano é o ápice, o objetivo. Para citar algumas formas intermediárias, a mais famosa, o *Archeopteryx*, é um clássico fóssil de transição com características de répteis e aves. Os diferentes tipos de hominídeos também, apesar dos argumentos contrários de que *Homo neanderthalensis* era apenas um humano acometido por artrose e raquitismo (uma espécie inteira doente!), e o *Homo erectus* e o *Australopithecus* eram simplesmente macacos. Por mais que os criacionistas insistam, fósseis de dinossauros jamais foram achados junto com fósseis de humanos (e nem coelhos no Pré-Cambriano, embora, segundo o relato do Gênesis, eles já existissem desde o sexto dia da criação, tendo surgido junto com todos os demais animais terrestres).

    Criacionistas que olham pelo microscópio e se veem forçados a admitir que bactérias evoluem resistência a antibióticos em tempo real tendem a recuar para a posição de que, sim, seleção natural existe, mas só consegue justificar microevolução, nunca macroevolução. Ou seja, só funciona para mudanças pequenas e pontuais. A macroevolução, ou seja, o surgimento de novas espécies, só poderia acontecer com a intervenção de um ser superior. Essa percepção vem da falta de conhecimento (sincera ou deliberada) sobre mutações e genes.

A maior parte das mutações é constituída de pequenas alterações genéticas que trazem pouca – ou nenhuma – consequência. O processo de formação de novas espécies envolve mais fatores do que simplesmente mutações. Deriva genética e especiação alopátrica (segure firme, vamos explicar isso mais à frente) podem ser determinantes.

Deriva genética é a fixação de características aleatórias, sem nenhum tipo de pressão seletiva. Uma maneira muito comum de explicar é a imagem de um bêbado descendo a ladeira. Ele vai tropeçar, cambalear de um lado para outro até cair de repente, ao acaso, para a direita ou para a esquerda. O lado para o qual ele cair equivale a uma característica "selecionada". Foi sorte (ou azar). Durante a pandemia de Covid-19, o conceito de deriva genética foi muito utilizado para explicar prevalência epidemiológica de mutantes. Com o surgimento de diversas linhagens mutantes do vírus SARS-Cov-2, houve muita especulação se a prevalência desses mutantes era derivada de alguma vantagem evolutiva ou só "sorte". Por acaso, determinada linhagem estava presente no local certo, na hora certa, em um evento de superespalhamento.

A especiação alopátrica – palavra que significa "lugares de origem diferentes" – também é um fator que pode contribuir para a macroevolução. Se existe uma barreira física impedindo a reprodução entre membros de uma espécie, o isolamento geográfico pode favorecer o aparecimento de características distintas, que pode acabar levando a duas espécies diferentes.

Também se diz que estruturas homólogas, como asas de morcegos e de pássaros, seriam provas de um *design* inteligente que se repete. Na verdade, esse é um fenômeno evolutivo muito conhecido, chamado de convergência evolutiva. Explorar ambientes aéreos é uma vantagem na competição por espaço e alimento; logo, faz sentido que espécies que "esbarrem" nessa possibilidade acabem favorecidas. Como as leis da física que restringem as possibilidades de voo são as mesmas para todas as espécies, não é de espantar que as soluções encontradas pareçam semelhantes.

O mesmo ocorre no formato do corpo de animais aquáticos, como baleias (mamíferos) e tubarões (peixes), que têm nadadeiras parecidas. Entretanto, os ossos no interior das nadadeiras das baleias têm uma conformação que lembra as patas dos animais terrestres, incluindo os ossos dos "dedos", o que não existe nos tubarões, que nem ossos têm – são animais cartilaginosos.

O livro *Genesis flood* foi um tremendo sucesso e empurrou a pauta criacionista nos anos 1960 e 1970. Em 1963, os adeptos da Terra Jovem estabeleceram a Creation Research Society (Sociedade de Pesquisa da Criação – CRS), para produzir conteúdo "científico" sobre a criação, incluindo a geologia do dilúvio e o conceito espúrio de "tipos" (*kinds*, em inglês, literalmente tipo, variedade ou espécie) biológicos.

O termo *kind* foi escolhido para fazer menção à *Bíblia*, que, na edição mais popular entre o público protestante de língua inglesa, a chamada tradução do rei James, usa essa palavra nos versículos sobre a criação, por exemplo, em Gênesis 1:11: "And God said, Let the earth bring forth grass, the herb yielding seed, and the fruit tree yielding fruit after his kind, whose seed is in itself, upon the earth: and it was so" ("E disse Deus: Deixe a terra trazer a relva, a erva produzindo semente, e a árvore frutífera produzindo fruto segundo a sua espécie; cuja semente esteja em si mesma, sobre a terra. E assim foi").

Como se vê, em português, a palavra original do hebraico, em inglês vertida para *kind*, é traduzida como "espécie" (*species*, em inglês). Os criacionistas apropriaram-se do termo *kind* para dar a entender que a *Bíblia* contém um conceito biológico diverso do de espécie, embora ligado a ele. Eles usam essa distinção artificial para alegar que é impossível surgir na natureza uma nova "espécie" que não siga o gabarito de um "tipo" definido na criação original.

Em 1972, foi criado o Institute for Creation Research (Instituto de Pesquisa da Criação – ICR). No final da década, havia diversos projetos de lei demandando o ensino do criacionismo nas escolas, em paralelo ao estudo da evolução. Já que não era possível excluir o ensino de evolução, então, a solução "lógica" era exigir que o criacionismo também fosse contemplado, em pé de igualdade. Chamavam a isso de "tratamento balanceado". Ainda vemos muitos assuntos supostamente "controversos" receberem tratamento parecido na mídia atual.

Trata-se de uma falsa equivalência, que confunde o público, induzindo-o a pensar que é apenas uma questão de opiniões divergentes. O bom senso e a boa educação, afinal, dizem que devemos respeitar opiniões diferentes. Isso leva a reportagens sobre movimentos antivacinas que dão o mesmo peso a um especialista em vacinas e ao médico antroposófico contrário à vacinação. Ou uma reportagem sobre aquecimento global que apresenta "os dois lados". Hoje, já não vemos os "dois lados" em uma reportagem sobre evolução, mas, até poucas décadas atrás, isso era corriqueiro na mídia de língua inglesa. Não somente em reportagens, mas em debates e processos judiciais.

Em 1981, um desses processos aconteceu no estado norte-americano de Arkansas. Um projeto de lei que tornava obrigatório o ensino do criacionismo nas escolas foi aprovado, e, em seguida, a União Americana para Liberdades Civis (UCLA) entrou com uma ação, alegando inconstitucionalidade. Vários especialistas, incluindo o renomado paleontólogo Stephen Jay Gould (1941-2002), foram ouvidos. Por sorte, a posição do Estado foi defendida por um teólogo que admitiu acreditar que extraterrestres eram uma manifestação satânica. O juiz decidiu que ciência criacionista não era ciência, e sim uma religião e, como tal, não deveria figurar em salas de aula de escolas públicas, subsidiadas por um governo laico, constitucionalmente proibido de favorecer crenças religiosas (princípio também consagrado na Constituição Brasileira, aliás). Em 1987, o assunto foi definido pela Suprema Corte, aparentemente pondo um fim jurídico à questão.

Infelizmente, como já comentamos, o fim jurídico não necessariamente reflete o fim social. Um novo desafio se colocava para os criacionistas: vestir o criacionismo de ciência. A decisão de Arkansas era muito clara ao especificar o que deveria ser considerado ciência. Um dos critérios era o de Karl Popper, a falseabilidade da hipótese. Os criacionistas logo se prenderam a isso, alegando que a evolução também não deveria contar como ciência, porque não poderia ser falseada, afirmação que, como já vimos, é (com o perdão da redundância) falsa: se, um dia, encontrarmos o fóssil de um ser humano ao lado do de um dinossauro e as rochas forem datadas do período Jurássico, quando os dinossauros abundavam e a humanidade ainda estava milhões de anos no futuro, teremos falseado boa parte da história da vida contada pela evolução – ou provado a existência de máquinas do tempo.

De qualquer modo, o movimento criacionista aceitou a dica e resolveu tentar reescrever seus dogmas na forma de hipóteses superficialmente "falseáveis". Nasciam a estratégia da cunha e o movimento do *design* inteligente.

O design *inteligente e a complexidade irredutível*

A história da "cunha" está descrita no livro *Creationism's trojan horse* (*O cavalo de troia do criacionismo*), de Barbara Forrest e Paul Gross, que demonstra que a chamada "pesquisa" sobre *design* inteligente (DI) tem tanta validade quanto as "pesquisas" que aparecem em comerciais de creme dental ou as "enquetes" dos programas de propaganda política: não são esforços sinceros de busca da verdade, mas roteiros publicitários que chegam a conclusões predeterminadas. O documento definidor da estratégia, elaborado pelo instituto Discovery, organização conservadora que desempenha o papel de matriz e lar do movimento, diz que "se olharmos para a ciência predominantemente materialista como uma gigantesca árvore, nossa estratégia deve funcionar como uma 'cunha' que, embora relativamente pequena, pode rachar o tronco quando aplicada em seus pontos fracos".

A meta explicitada no documento é a de substituir o que seus autores acreditam ser a visão de mundo hegemônica hoje no Ocidente – ateia, materialista, marxista, freudiana, darwinista, caótica – por uma visão cristã, encantada, divina, plena de propósito. O DI é apenas uma ferramenta de propaganda para isso. Essa constatação foi feita pelo conjunto da comunidade científica e por todas as instâncias do Judiciário norte-americano, que identificaram o DI com propaganda religiosa e, por isso, proibiram seu ensino em escolas públicas, como já haviam feito antes com a "ciência" criacionista.

Michael Behe, bioquímico, professor da Lehigh University, com todas as credenciais de cientista sério, foi o ponta de lança desse plano do DI. Ele defende a ideia de que os seres vivos contêm sistemas de complexidade irredutível, ou seja, sistemas tão complexos e compostos por tantas partes que só fazem sentido quando estão juntos, que jamais poderiam ser fruto do acaso, que só poderiam ter sido desenhados, projetados, por alguma inteligência superior. A ideia geral é de que alguns sistemas encontrados em seres vivos só seriam úteis completos – que qualquer tentativa de explicar como eles poderiam ter surgido por meio de evolução gradual, uma parte de cada vez, estaria fadada ao fracasso. Versões parciais seriam não só inúteis como prejudiciais, e acabariam eliminadas pela seleção natural.

Behe toma o cuidado de não fazer qualquer apologia religiosa. O *"designer"* a que ele se refere pode ser qualquer coisa, não necessariamente o deus cristão ou de alguma fé específica. Ele apresenta essa ideia no livro *A caixa preta de Darwin*, leitura obrigatória em algumas faculdades de Biologia, para que se aprenda por meio de um mau exemplo de interpretação do processo evolutivo.

A ideia de Behe sobre a complexidade irredutível é exatamente isto: uma interpretação completamente equivocada – proposital ou não – da evolução darwiniana. Um exemplo clássico citado no livro é o caso da flagelina de bactérias. Algumas bactérias têm flagelos – uma espécie de "cauda" – que permitem uma locomoção rápida, como um motor de popa. Um flagelo é formado por 42 proteínas que, segundo Behe, precisariam ter sido selecionadas, uma a uma, cada uma conferindo, separadamente, alguma vantagem para a bactéria, ou não poderiam estar lá. Se apenas uma dessas proteínas fosse removida, o flagelo não funcionaria. E essas proteínas parecem não ter nenhuma outra função, a não ser compor o flagelo. Pensando em uma evolução gradual, o que justifica que cada uma delas tenha sido selecionada, para, só no final, com todas juntas, formar o flagelo? Não faz sentido, certo? Além disso, o número de mutações necessárias para gerar cada uma dessas partes e reuni-las em um flagelo é astronômico. Portanto, é um sistema de complexidade irredutível; as partes não podem ser reduzidas a etapas que cumpram os requisitos da seleção natural. Logo, a teoria da evolução está descartada!

Outro exemplo de Behe, para tentar trazer o conceito para algo mais palpável: a ratoeira. Uma ratoeira, para funcionar, precisa de todas as partes, certo? Suas partes sozinhas não servem para nada. Também não conseguimos imaginar uma função que pudesse ser atribuída a cada parte e que fosse útil para matar ratos. Então, também não podemos reduzir esse sistema a uma evolução gradual, em que cada etapa precisa ser selecionada por conferir vantagem.

Pois bem, Behe ignora vários conceitos de evolução. Primeiro, a evolução não é dirigida. Nenhum organismo evolui "rumo" a alguma coisa. Isso é uma falácia muito comum no aprendizado de evolução. O mamífero criou pelos *para* se proteger do frio. Na verdade, uma mutação, ou várias, que deu origem aos pelos dos mamíferos pode ter sido vantajosa porque os aquecia, economizando, assim, energia, e por isso foi preservada pela seleção natural. A proteção contra o frio pode nem ter sido o evento de pressão seletiva: a simples economia da energia usada para gerar calor e manter a temperatura do corpo já poderia ser vantagem suficiente.

A evolução conta muito com o acaso, fixando características que não são vantajosas, mas também não fazem mal, por um processo chamado deriva genética. Se temos, por exemplo, uma espécie animal que habita uma ilha onde há um vulcão. O vulcão entra em erupção e a lava escorre por um lado da montanha onde há tocas de animais de pelagem clara. Do outro lado, onde vive uma população de pelos escuros, há muito pouco dano, apenas alguns sustos. Os animais de pelos claros morrem todos. A população de pelo escuro, então, predomina. Se um grupo de biólogos visitar a ilha e ficar procurando a vantagem seletiva dos pelos escuros, vai acabar ficando maluco ou concluindo alguma bobagem. Os bichos apenas estavam no lugar certo, na hora certa. Isso não significa que os pelos escuros jamais serão vantagem: uma característica preservada por deriva pode se tornar adaptativa (ou deletéria), dependendo apenas de mudanças no meio, como a chegada à ilha de um novo predador que tenha dificuldade (ou facilidade) em enxergar cores escuras.

Outro fator ignorado por Behe é que as mutações não são a única forma de produzir mudanças. A transferência horizontal de genes pode provocar troca de material genético entre espécies. Isso ocorre rotineiramente em bactérias e entre bactérias e plantas. Também em plantas, como veremos no capítulo sobre negacionismo de transgênicos, o uso de técnicas de hibridização pode conferir características novas aos cultivares, que não vieram de mutações. Os humanos também apresentam indícios de trocas genéticas com outros organismos: temos um gene de placenta que é homólogo a um gene de envelope de vírus. Muito provavelmente, algum vírus que infectou algum ancestral comum pode ter sido um precursor dos animais placentários. A mitocôndria presente em nossas células, e que nos permite usar oxigênio para respirar, provavelmente já foi uma bactéria que acabou virando "hóspede" de outras formas de vida, mais de um bilhão de anos atrás. Fica claro, assim, que nem tudo em uma espécie é fruto de mutação e de evolução gradual.

Voltando ao caso do flagelo das bactérias, cada uma das 42 proteínas poderia ser parte de outros sistemas que não tinham nada a ver com o flagelo. Poderiam estar lá por acaso. Poderiam ser úteis em combinação com outras proteínas. Em artigo publicado na revista *Nature Reviews Microbiology* em 2006, os pesquisadores Mark Pallen e Nicholas Matke destroem completamente o argumento da complexidade irredutível do flagelo, mostrando como sistemas para transporte e secreção de proteínas presentes em bactérias podem ter sido combinados para dar origem ao "motorzinho", com apenas algumas mutações. Eram sistemas que serviam para secretar proteínas para fora da membrana celular, já acoplados a um sistema de geração de energia, e que podem ter se combinado, dando origem ao flagelo.

O biólogo Kenneth Miller exemplificou o fato de que características selecionadas, porque serviam a uma determinada função biológica, puderam acabar cooptadas por outras, que nada tinham a ver com a inicial. Ele afirmou isso durante um julgamento sobre DI nos Estados Unidos, quando apareceu no tribunal usando um gatilho de ratoeira como prendedor de gravata. Esse julgamento ficou conhecido como julgamento Dover, um processo iniciado por membros do conselho do distrito escolar de Dover que se opunham à compra do livro didático *Biology*, de Kenneth Miller e Joe Levine. Os queixosos alegavam que o livro estava "repleto de darwinismo" e que isso poderia provocar uma lavagem cerebral nas crianças, que só aprenderiam "um lado" da história. A teoria da evolução seria ensinada como um fato, e isso era inaceitável. Também inaceitável era um livro que dizia que os humanos descendem de macacos.

O julgamento aconteceu em 2005. Citamos anteriormente que a Suprema Corte norte-americana colocara um ponto final na história em 1987, decidindo, de uma vez por todas, que a ciência da criação era religião, e não ciência, e por isso não cabia em uma escola pública, certo? Pois bem, o DI foi uma nova tentativa de retomar a discussão, e seu melhor argumento era o da complexidade irredutível. O caso foi rejeitado pelo juiz federal responsável.

O livro de Behe *A caixa preta de Darwin* foi publicado em 1996. No mesmo ano, surgiu o Centre for Science and Culture (Centro de Ciência e Cultura – CSC), dentro do instituto Discovery, um *think tank* conservador em Seattle, com a missão de promover o DI e fazer o criacionismo ser ensinado lado a lado com a teoria da evolução nas aulas de ciência. O CSC oferece de 40 mil a 50 mil dólares anuais em bolsas de estudo sobre DI.

Após a derrota no tribunal em 2005, o movimento perdeu força nos Estados Unidos e buscou se instalar em outros países. Achou terreno fértil, infelizmente, no Brasil.

Criacionismo no Brasil

Mais de três décadas após o final da era de ouro do criacionismo nos EUA e da tentativa frustrada do DI de ressuscitar o movimento em 2005, este pode estar criando raízes no Brasil.

Demorou para pegar, e chegou tímido, mas não devemos negligenciar sua presença. Em 2008, o biólogo Douglas Futuyma, autor de um livro sobre evolução muito usado em todo o mundo e parte ativa no embate com o movimento criacionista norte-americano, esteve no Brasil para falar de ensino de evolução. Ninguém deu muita atenção. Ao mesmo tempo, a então ministra do Meio Ambiente, Marina Silva, participou de um simpósio sobre criacionismo. Isso não passou despercebido e foi usado contra ela anos depois, durante suas campanhas como candidata à presidência da República. Marina Silva declarou que não se opunha ao ensino da evolução nas escolas nem defendia o ensino de criacionismo.

No governo de Jair Bolsonaro, entretanto, a coisa mudou de figura. A ministra Damares Alves declarou publicamente que lastimava o ensino da evolução nas escolas públicas e que a ciência tinha espaço demais na sociedade brasileira. Anos antes de Bolsonaro ser eleito, em 2014, o deputado pastor Marco Feliciano também havia tentado tornar obrigatório o ensino do criacionismo no Brasil, por meio de um projeto de lei que foi arquivado sem nunca ter sido votado.

O contexto em que o criacionismo ganha força no Brasil não é muito diferente do observado nos Estados Unidos. Apesar de o Brasil ser um país predominantemente católico, denominações evangélicas vêm ganhado espaço nas últimas décadas. Segundo dados do Instituto Brasileiro de Geografia e Estatística, a parcela de evangélicos na população vem crescendo desde 1980, quando era de 6,6%, e chegou a 22,2% em 2010. Já o número de católicos caiu de 92% em 1970 para 64% em 2010. Estima-se que menos de 50% dos brasileiros serão católicos em 2022.

A Sociedade Criacionista Brasileira foi fundada em 1972 e adotou conteúdo traduzido da CRS dos Estados Unidos, uma das sociedades de Terra Jovem que já mencionamos e que interpreta literalmente as Escrituras sobre a criação. Em 1979, surge a Associação Brasileira de Pesquisa da Criação.

De 1980 a 1999, o termo "criacionismo" começa a ser citado com algum destaque nos grandes veículos de mídia, aparecendo muito mais vezes a partir do ano 2000. Porém, a grande virada se dá em 2017, quando a Universidade Presbiteriana Mackenzie fecha uma parceria com o instituto Discovery nos Estados Unidos, aquele mesmo defensor da promoção do DI e da estratégia da cunha. Para coroar esse sucesso, Benedito Guimarães Aguiar Neto, reitor da Universidade Mackenzie responsável pela aliança, foi indicado pelo presidente Jair Bolsonaro para assumir a chefia da Capes, agência federal brasileira de fomento à pesquisa.

Assim como Behe, alguns defensores ferrenhos do DI no Brasil são cientistas reconhecidos. Marcos Eberlin, químico, ex-professor da Unicamp, hoje está abrigado no Instituto Discovery da Universidade Mackenzie. Eberlin é membro da Academia Brasileira de Ciências e não se acanha em utilizar essa credencial para envolver seu trabalho como promotor do DI numa aura de legitimidade "científica".

Além de propagandeador do DI, Eberlin também defende a doutrina da Terra Jovem. Em entrevista publicada no início de 2021 pelo *site* evangélico Guiame, o professor defendeu que a ciência prova que Jó (protagonista do Livro de Jó, o 17º da *Bíblia* protestante e 18º da católica) conviveu com os dinossauros e que "devemos crer num Deus que fez todas as coisas prontas pelo poder da Sua Palavra, um Deus que não se associa à ciência de homem algum".

Tanto judeus quanto cristãos não fundamentalistas encaram o Livro de Jó não como um relato histórico, com a descrição fiel de pessoas e eventos do mundo, mas como um drama filosófico, uma narrativa que vale pela reflexão moral que suscita, não pelos "fatos" que supostamente contém. Parece inspirado em textos mesopotâmicos anteriores, como "Homem e seu Deus", narrativa suméria de cerca de 2.000 AEC. Jó costuma ser colocado no chamado período persa da história bíblica, entre 500 e 300 AEC.

De qualquer maneira, o Livro de Jó não diz nada sobre dinossauros. Em um de seus discursos, Deus cita dois monstros mitológicos, o Beemot e o Leviatã, que certos criacionistas tentam associar a animais pré-históricos.

Eberlin conclui: "A *Bíblia* é autoridade máxima, inerrante, absoluta e suficiente. Você não precisa do livro 67 [a *Bíblia* protestante é composta por 66 livros; a católica, por 73] para entender a Criação. E se esse livro contrariar a Palavra, fique com a Palavra".

Até o momento dos toques finais deste livro, Marcos Eberlin seguia como membro ativo da Academia Brasileira de Ciências.

A MARCA DO CIGARRO

A história do negacionismo organizado – a mobilização estratégica de recursos humanos e financeiros, a manipulação da mídia, o apelo a falsas equivalências, o uso descarado da mentira e da desonestidade – não pode ser separada da história do tabaco, em geral, e do cigarro, em particular. O fato de o tabaco continuar a ser a maior causa de mortes evitáveis do mundo até hoje é um testemunho da eficácia dessas estratégias. A miséria humana ainda vai cheirar a fumaça de cigarro por muito tempo.

Ao longo da segunda metade do século XX, a indústria tabagista fez tudo o que pôde para esconder, negar e depois confundir o público a respeito de três fatos: um, tabaco causa câncer de pulmão e vários outros problemas de saúde; dois, nicotina é um agente viciante; três, o não fumante exposto ao fumo passivo, isto é, à fumaça dos cigarros dos outros, também fica com a saúde comprometida e corre risco de vida.

O modo como os fabricantes de cigarros produziram dúvidas, confusão e mentiras e combateram os esforços de governos pelo mundo, a fim de regulamentar o uso de tabaco e proteger os não fumantes, serviu como uma espécie de gabarito para iniciativas posteriores, como a de contestação do aquecimento global.

De fato, a indústria do cigarro literalmente "escreveu o livro" sobre a negação e a relativização desonesta de riscos reais. Entre os documentos internos dessas empresas, divulgados em meio a ações judiciais movidas nos Estados Unidos, destacam-se o memorando que contém a famosa frase "dúvida é nosso produto" – que delineia a contestação da ciência como estratégia – e um guia chamado, talvez ironicamente, *Bad science: A resource book* (*Ciência ruim: Um livro de fontes*) – que é uma coletânea de frases, artigos e argumentos que podem servir de modelo para tentativas de desacreditar consensos científicos. Essa obra preciosa foi compilada em 1993. Está recheada de frases feitas que ressurgem de tempos em tempos, como "a ciência frequentemente é manipulada para atender a objetivos políticos" (vista, recentemente, no debate sobre aquecimento global) ou "o relatório, mais uma vez, permite que metas políticas guiem a política científica". Esta última se refere a um relatório da Agência de Proteção Ambiental (EPA) norte-americana sobre os perigos do fumo passivo, também muito reciclada em outros falsos debates.

A indústria do cigarro literalmente "escreveu o livro" sobre a negação e a relativização desonesta de riscos reais.

Assim que a verdade sobre os graus de manipulação e mentira envolvidos na proteção e na promoção do tabagismo finalmente veio à tona, o trauma na consciência do público – a desconfiança e a incerteza instaladas na mente da população quanto ao que indústrias, cientistas, governos, publicitários e jornalistas dizem, principalmente quando se trata da comunicação de riscos e segurança – deixou cicatrizes que nos acompanham até hoje.

Em 1954, quando os primeiros estudos sérios ligando tabaco a câncer já tinham sido publicados, o então vice-presidente da Philip Morris, George Weissman, fez um discurso afirmando que "se tivéssemos conhecimento de que estamos vendendo um produto que faz mal aos consumidores, sairíamos do negócio amanhã". Em 2019, quase 70 anos depois da promessa, a mesma empresa somava mais de 700 bilhões de dólares em vendas de cigarros pelo mundo.

Tabaco e saúde

O tabaco (*Nicotiana tabacum*) é uma planta nativa das Américas. Era conhecida e usada pelos povos que dominavam o continente antes da chegada dos primeiros europeus, para fins cerimoniais e, também, por seus efeitos mais imediatos sobre o organismo humano, incluindo a redução do apetite. Em seu livro de 1578, *Viagem à Terra do Brasil*, o missionário calvinista francês Jean de Léry (1534-1611) escreve:

> Em vista das virtudes que lhe são atribuídas goza essa erva de grande estima entre os selvagens; colhem-na e a preparam em pequenas porções que secam em casa. Tomam depois quatro ou cinco folhas que enrolam em uma palma como se fosse um cartucho de especiaria; chegam ao fogo a ponta mais fina, acendem e põem a outra na boca para tirar a fumaça que apesar de solta de novo pelas ventas e pela boca os sustenta a ponto de passarem três a quatro dias sem se alimentar, principalmente na

guerra ou quando a necessidade os obriga à abstinência (...). Enquanto conversam, costumam sorver a fumaça, soltando-a pelas ventas e lábios como já disse, o que lembra um turíbulo. O cheiro não é desagradável.

Na tradição médica europeia, uma das primeiras menções ao tabaco aparece na obra *Dos libros* (*Dois livros*), publicada na Espanha entre 1565 e 1574, de autoria do médico e botânico Nicolás Monardes (1493-1588). Segundo ele, o tabaco seria útil para combater uma infinidade de problemas de saúde, incluindo dores de cabeça, de dente, nas juntas, mau hálito, cansaço e até pedras nos rins. No entanto, a recepção inicial não foi igualmente positiva em toda parte: em 1604, ninguém menos que o rei da Inglaterra, James I, condenou o hábito de fumar, que considerava "desagradável aos olhos, odioso ao nariz, prejudicial ao cérebro e perigoso para os pulmões". A despeito do desagrado real, em 1614, já havia 700 tabacarias ativas em Londres.

Os papas Urbano VIII (o mesmo envolvido na condenação de Galileu) e Inocêncio X, em 1642 e 1650, respectivamente, publicaram decretos excomungando quem fumasse ou cheirasse rapé dentro de certas igrejas na cidade de Sevilha (Espanha) ou no Vaticano. Em 1680, teólogos se reuniram para debater se a proibição deveria se aplicar a todas as igrejas, em toda parte, mas as medidas foram anuladas em 1725 pelo papa Bento XIII.

O poder letal da planta foi demonstrado cientificamente um século depois da publicação de Monardes, em 3 de maio de 1665. O político e intelectual inglês Samuel Pepys (1633-1703) registra em seus diários ter, naquela data, testemunhado um experimento em que um gato foi morto com uma gota de "óleo de tabaco", destilado por um membro da então nascente Royal Society, a primeira sociedade de pesquisa científica do mundo. Algumas semanas mais tarde, no entanto, em 7 de junho, lemos no mesmo diário que Pepys, assustado após passar por duas casas marcadas na porta com o sinal da peste bubônica, viu-se impelido a "comprar cordas de tabaco para cheirar e mascar, o que tirou minha apreensão".

Era comum, durante os surtos de peste que atingiram a Inglaterra no século XVII, que a população visse o tabaco como um profilático contra a doença. Médicos e coveiros fumavam cachimbos para se proteger do contágio e afastar o fedor da morte.

De qualquer modo, a história oficial dos anos iniciais da Royal Society conta ainda como, em 1680, seus membros debateram uma série de envenenamentos "praticados em Roma e na Itália em 1656" e propuseram que o agente responsável deveria ter sido "o fétido óleo do tabaco".

Correlação e causa

O primeiro médico a associar tabaco a câncer foi o inglês John Hill (1716-1775). Em 1761, ele publicou uma série de casos em que tumores do nariz e do esôfago apareciam ligados ao consumo de rapé. Trinta anos mais tarde, em 1795, o alemão Samuel Thomas von Soemmerring (1755-1830) chamou atenção para uma associação entre o uso de cachimbo e o câncer dos lábios. Essas, no entanto, eram observações de números relativamente pequenos de casos, feitas em condições que não permitiam estabelecer uma relação clara de causa e efeito. Esse é um tema que encontraremos seguidas vezes ao longo deste livro: o fato de dois fenômenos estarem associados, isto é, serem observados juntos com alguma frequência, não significa que um seja a causa do outro. A associação pode ser resultado de uma simples coincidência (nesse caso, tende a desaparecer com o tempo) ou uma correlação (caso em que existe um terceiro fator independente que explica a associação).

Esse terceiro fator pode ser algo tão simples quanto a mera passagem do tempo, que explica, por exemplo, a correlação entre o aumento da população mundial e o do número de planetas descobertos fora do Sistema Solar (não é o nascimento de crianças que faz brotarem novos planetas, nem são os planetas distantes que estimulam a fertilidade humana); ou alguma coisa mais sutil, como a associação quase perfeita entre ternos e gravatas: nem usar terno "causa" o uso de gravata, nem a gravata "causa" o uso de terno, mas situações que requerem terno tendem, na maior parte das vezes, a também requerer gravata. Às vezes, mesmo havendo relação de causa e efeito, a direção da causalidade pode ser duvidosa: digamos que a boa saúde esteja associada ao hábito de frequentar cultos religiosos. Será que é porque a religião estimula hábitos saudáveis – não fumar, não beber, não fazer sexo com múltiplos parceiros – ou porque gente doente não tem ânimo, paciência e disposição para ir à igreja?

O mundo do cigarro

A suspeita mais séria de que o fumo pudesse causar câncer surgiu quando cientistas notaram o crescimento, em paralelo, de duas pandemias nas primeiras décadas do século XX: a de consumo de cigarros e a de câncer de pulmão. Os gráficos do consumo de cigarros e de mortes por câncer de pulmão nos Estados Unidos, ao longo do século XX, são réplicas virtuais um do outro, com uma defasagem de três décadas.

Em 1900, praticamente não se fumavam cigarros e o câncer de pulmão era uma doença raríssima (entre 1899 e 1911, em todo o mundo, foi identificada menos de uma morte causada pela doença a cada mil necrópsias). Em 1950, o câncer de pulmão era o tipo de tumor maligno mais comum entre os norte-americanos do sexo masculino, e os cigarros estavam por toda parte.

Até o fim do século XIX, o consumo de tabaco era artesanal: o produto era mascado, aspirado como rapé, queimado em cachimbos ou em cigarros enrolados à mão, um de cada vez. Isso começou a mudar em 1880, quando o fazendeiro James Albert Bonsack (1859-1924) inventou a primeira máquina para fabricação automática de cigarros. Em 1885, James Buchanan Duke (1856-1925) licenciou a tecnologia de Bonsack e começou a produzir cigarros em escala, adivinhe só, industrial.

Duke, conhecido como "Buck", foi um pioneiro do uso estratégico e agressivo de *marketing* nos negócios. Patrocinava eventos esportivos e incluía figurinhas – no caso, fotografias de mulheres seminuas, em poses ousadas – nos maços de suas marcas. Chegou a investir 20% da receita da empresa em publicidade, algo inédito até então. Na virada do século, Buck Duke vendia dois milhões de cigarros ao dia. Segundo historiadores, em uma semana, sua firma punha mais cigarros no mercado norte-americano do que toda a população da França fumava em um ano.

Além de pioneiro da inovação tecnológica e visionário do poder da publicidade (e, também, do corpo feminino como instrumento publicitário), Buck Duke também foi um homem de negócios brutal e inescrupuloso, características que seriam preservadas por seus sucessores e formariam a coluna vertebral do setor da economia que ele fundara.

Com a Primeira Guerra Mundial (1914-1918), os cigarros norte-americanos se espalharam pela Europa, junto com os soldados dos Estados Unidos. Na década de 1920, o consumo de cigarros *per capita* entre homens, nos Estados Unidos, chegou a mil por ano; em 1950, 30 anos mais tarde, a taxa de mortes por câncer de pulmão chegava a quase 30 por 100 mil habitantes. O auge da venda de cigarros aconteceu em meados da década de 1960, com mais de quatro mil unidades *per capita*, e o pico da epidemia de câncer de pulmão veio nos anos 1990, com mais de 80 mortes por 100 mil habitantes.

As primeiras evidências concretas da relação entre tabaco e câncer de pulmão foram produzidas na Alemanha nos anos 1930. O governo nazista chegou a promover campanhas contra o tabagismo, e Adolf Hitler não permitia que se fumasse em sua presença, mas as descobertas alemãs acabaram esquecidas ou postas de lado após a Segunda Guerra Mundial por uma série de razões, incluindo razões éticas, e a ligação concreta entre o hábito de fumar e a doença teve de ser redescoberta mais tarde. De qualquer modo, o antitabagismo do regime nazista viria a ser perversamente usado, muitos anos depois, como argumento pelos defensores do "direito de fumar".

Na década de 1950, ambas as curvas – de consumo de cigarros e de casos de câncer – estavam em franca ascensão, e a ciência reconheceu a urgência de explicar a segunda: por que uma doença, antes raríssima, de repente assumia proporções epidêmicas, tornando-se a forma de câncer mais comum no sexo masculino?

Como já vimos, não é possível, ao observar uma associação, deduzir que a ligação entre os elementos associados seja de causa e efeito. Para complicar ainda mais o problema, muitas outras coisas, além do consumo de cigarros, haviam aumentado nas décadas iniciais do século XX num ritmo semelhante ao dos casos de câncer de pulmão. Candidatos plausíveis, citados por pesquisadores daquela época, eram a fumaça do motor dos automóveis ou o asfalto das estradas. A venda de automóveis e a pavimentação das vias eram fenômenos típicos e em crescimento explosivo no novo século.

Os trabalhos fundamentais que cimentaram o elo entre cigarro e câncer foram conduzidos por dois pesquisadores britânicos, o epidemiologista Richard Doll (1912-2005) e o estatístico Austin Bradford Hill (1897-1991). Doll, inicialmente, acreditava que o escapamento dos carros ou o asfalto explicariam o aumento do câncer. Hill era um pioneiro dos chamados estudos controlados randomizados, ou RCTs, em que um grande número de voluntários é dividido em dois grupos, selecionados ao acaso: um dos grupos recebe o tratamento cujos efeitos se deseja avaliar e o outro não recebe nada ou um placebo (algo parecido com o tratamento, mas sem efeito biológico), chamado de "grupo-controle". Hill conduzira, em 1948, o histórico RCT que demonstrou que antibióticos podiam curar a tuberculose.

Os RCTs permitem estabelecer causa e efeito, porque, com um grupo grande de pessoas, a randomização – o processo de selecionar, ao acaso, quem receberá o tratamento e quem ficará como controle – tende a garantir que os grupos sejam razoavelmente homogêneos no início do estudo e que a única causa plausível para uma grande diferença entre os grupos ao final do trabalho, caso haja alguma, seja o tratamento em si.

Fazer RCTs para fatores de risco como tabaco, no entanto, é impraticável por uma série de razões. A primeira é ética. Se você supõe que uma substância cause câncer, é imoral (para dizer o mínimo) pegar algumas centenas de pessoas e obrigá-las a fumar. O segundo impedimento é o tempo. Lembre-se de que a curva de mortes por câncer reflete a da venda de cigarros, mas com 30 anos de atraso. Como manter os dois grupos de voluntários sob observação por tanto tempo? E quantas vidas seriam perdidas nas décadas de pesquisa até se chegar a uma conclusão, caso o resultado fosse positivo para a ligação câncer-cigarro?

Por conta disso, Doll e Hill tiveram de apelar para métodos mais imperfeitos, que não permitiam auferir causa e efeito com o mesmo rigor lógico que um RCT. Essa lacuna seria explorada à exaustão pelos negacionistas, tanto os que estavam a soldo da indústria do tabaco quanto os que se opunham à conclusão de que o fumo causa câncer por razões políticas, ideológicas – ou apenas porque gostavam de fumar.

O biólogo inglês Ronald A. Fischer (1890-1962), criador dos principais métodos estatísticos usados até hoje em ciência, contestou, até a morte, a possibilidade de ligar o tabaco ao câncer. Fischer, que fumava cachimbo e cigarros, aferrou-se até o fim ao que chamava de "hipótese constitucional": algum terceiro fator (genético, por exemplo) causava tanto afinidade pelo tabaco quanto o câncer.

No mesmo ano de 1948, em que Hill comprovou a capacidade do antibiótico estreptomicina de curar tuberculose (hoje em dia, por causa da evolução de bactérias resistentes, esse antibiótico já não é usado), os dois colegas realizaram um estudo de "caso-controle". Entrevistaram algumas centenas de pessoas – parte já havia sido diagnosticada com câncer de pulmão e parte estava saudável – sobre seus hábitos de vida. Os entrevistadores foram mantidos "cegos", isto é, não sabiam se estavam falando com voluntários saudáveis ou pacientes de câncer. Resultado: dos 649 pacientes de câncer envolvidos no estudo, apenas dois eram não fumantes e os pacientes de câncer habitualmente fumavam mais do que os entrevistados fumantes e saudáveis.

Nos anos seguintes, mais 19 estudos do mesmo tipo foram conduzidos pelo mundo e todos apontaram correlações muito fortes entre o hábito de fumar e o desenvolvimento de câncer. O problema é que, se existisse alguma distorção escondida – o que estatísticos chamam de "viés" – contaminando esse tipo de estudo, as repetições não significariam nada: repetir o mesmo erro dez, vinte, cem vezes não prova que o erro é um acerto. Como no caso da relação entre saúde e frequentar a igreja, é a predisposição para o câncer de pulmão ou o câncer de pulmão em estágios iniciais que dá mais vontade de fumar?

Em 1951, Hill e Doll enviaram questionários a todos os 60 mil médicos registrados no Reino Unido, perguntando sobre seus hábitos de tabagismo. Cerca de 40 mil responderam. Os autores passaram a acompanhar as taxas de mortalidade desses profissionais. Já em 1956, as diferenças entre os tabagistas e os demais eram impossíveis de ignorar: entre os chamados "fumantes pesados" (25 cigarros ou mais ao dia), a taxa de mortalidade por câncer de pulmão era 24 vezes maior do que entre os não fumantes.

Outro estudo prospectivo, conduzido nos Estados Unidos por E. Cuyler Hammond (1912-1986) e Daniel Horn (1916-1992) entre 1952 e 1955, descobriu uma ligação ainda mais forte entre tabaco e câncer. O grupo liderado por eles acompanhou 188 mil homens de 50 a 69 anos de idade e encontrou uma taxa de mortalidade, entre os fumantes, 60% maior que entre os não fumantes. Dessas mortes excessivas, 52% haviam sido causadas por doenças do coração ou das artérias, 13% por câncer de pulmão e 13% por outros cânceres. Entre fumantes de cigarro, o risco de morrer de câncer de pulmão era 11 vezes maior do que entre não fumantes. Entre fumantes pesados, encontrou-se um risco 88 vezes maior. Os resultados de Hill e Doll foram publicados em 1956, e os de Hammond e Horn, em etapas, entre 1954 e 1958.

Porém, já em 1953, antes de os resultados mais contundentes de Doll e Hill e Hammond e Horn virem a público, um estudo conduzido em Nova York havia assustado os fabricantes de cigarro: os autores mostraram que era possível induzir câncer em camundongos pincelando em sua pele alcatrão de tabaco, produzido pela condensação da fumaça de cigarros. Esse estudo foi amplamente divulgado pela mídia da época.

A reação imediata do cartel das maiores fábricas de cigarro dos Estados Unidos foi contratar a maior empresa de relações públicas daquele país para salvar a imagem de seu produto. A solução encontrada: produzir e estimular dúvida científica. Sustentar na mente do público a *esperança* de que, de alguma forma, cigarros não causem câncer. O historiador Robert N. Proctor se refere a esse processo como *agnogênese*, "a criação de ignorância".

Em janeiro de 1954, um anúncio de página inteira, publicado em mais de 400 dos maiores jornais da América do Norte, trazia o título: "Uma declaração sincera aos fumantes de cigarro". Nele, os fabricantes anunciavam a criação do Comitê de Pesquisa da Indústria do Tabaco, comprometendo-se, entre outras coisas, a "ajudar e assistir o esforço de pesquisa sobre todas as fases do uso de tabaco e a saúde".

Esse comitê (cujo nome foi, mais tarde, alterado para Conselho de Pesquisa em Tabaco) viria, ao longo dos anos, a investir centenas de milhões de dólares em estudos científicos, sim, mas sempre evitando, cuidadosamente, qualquer pesquisa que pudesse confirmar o elo entre fumo e câncer.

Pelo contrário, o objetivo era gerar resultados que permitissem ao braço publicitário e de relações públicas da indústria afirmar e reafirmar que "ninguém sabe exatamente o que causa câncer de pulmão ou nenhum outro tipo de câncer" e promover "alternativas à teoria do cigarro". Estudos relacionando fungos, calvície, ácaros, poluição, vírus – qualquer coisa, exceto fumaça de cigarro – ao câncer de pulmão eram financiados, pinçados da literatura científica e promovidos na mídia pela indústria. O cientista escolhido para encabeçar o comitê/conselho Clarence Cook Little (1888-1971) era uma celebridade, ex-reitor universitário, e também nutria uma profunda convicção de que todos os problemas da humanidade eram causados por "fraquezas" genéticas.

A estratégia geral, coerente com o objetivo de dar aos fumantes – e ao público e aos políticos – alguma "esperança" de que cigarros, afinal, quem sabe, talvez, não fossem tão ruins assim, era a de promover uma narrativa de "dois lados", uma percepção de "controvérsia", e também gerar a impressão de que a indústria tinha uma preocupação legítima com a saúde dos fumantes e uma curiosidade genuína em torno do assunto.

Enquanto a indústria colhia os frutos do impacto da dúvida e das "explicações alternativas" na mentalidade coletiva, os trabalhos que confirmavam a conexão entre cigarro e câncer eram atacados individualmente. Estudos estatísticos, como os de Hill e Doll, não são capazes de demonstrar causa e efeito de forma cabal; efeitos revelados por estudos em animais, como o do alcatrão pincelado nos camundongos, nem sempre se traduzem em efeitos iguais no organismo humano. O crescimento quase simultâneo do consumo de cigarros e dos casos de câncer poderia ser só uma coincidência.

Cada uma dessas críticas, quando analisada isoladamente, tem lá seus méritos. Era a visão de conjunto – o que se podia concluir da convergência de resultados dos estudos estatísticos e dos estudos em animais, somada à confluência histórica entre a popularização dos cigarros e a explosão dos casos de câncer – a que, no interesse da indústria, se deveria resistir e que deveria ser evitada a qualquer custo.

No entanto, cedo ou tarde, alguém olha para o conjunto. Em 1964, 11 anos depois da publicação do trabalho de Nova York em camundongos, um comitê de especialistas reunido pelo governo dos Estados Unidos anunciou publicamente que toda a evidência científica disponível apontava para uma ligação de causa e efeito entre o consumo de tabaco e o câncer de pulmão. Os dados eram tão claros e convincentes, de fato, que dos quatro membros fumantes do comitê, dois decidiram parar de fumar. Dois anos antes, uma comissão do governo britânico já havia chegado à mesma conclusão, mas a campanha de confusão e desinformação dos fabricantes de cigarro já havia surtido efeito: uma pesquisa de opinião pública divulgada em 1967 no jornal *The Washington Post* indicava que menos da metade dos norte-americanos considerava o tabaco uma "importante" causa de câncer.

Em 1976, Ernest Pepples, vice-presidente de uma fábrica de cigarros, escrevia que os gastos significativos na questão de fumo e saúde permitiam que a indústria se defendesse de modo respeitável da seguinte forma: "Após milhões de dólares e mais de 20 anos de pesquisa, a questão em torno de tabagismo e saúde segue em aberto".

A grande imprensa, por sua vez, tinha comprado a ideia de que a cobertura do assunto deveria ser "equilibrada", para evitar "alarmar desnecessariamente o público". Representantes do *lobby* do tabaco haviam se reunido, ainda em 1954, com alguns dos principais executivos de grandes jornais e revistas, incluindo *The New York Times*, *Time* e *Life*.

Objetividade e neutralidade haviam se consolidado como valores fundamentais do jornalismo nos Estados Unidos no início do século XX, por conta de um imperativo comercial: numa democracia dividida por diferentes paixões políticas e ideológicas, para agradar ao maior número possível de leitores (e de anunciantes), uma publicação não pode parecer tomar partido em questões controversas, sob o risco de alienar parte de sua base de clientes.

O mais importante não é a realidade factual da controvérsia, mas a percepção do público de que existe uma polêmica legítima. Não importa se essa percepção é falsa. Explorando isso, os fabricantes de cigarro fizeram da mídia, ao mesmo tempo, propagadora e refém de uma controvérsia postiça.

Uma análise – para usar uma palavra cara ao jornalismo – *objetiva* da evidência já deixava bem claro, em 1953, que cigarros são um grave fator de risco para câncer. O relatório de 1964 deveria ter sido o prego final no caixão. A manifestação de Pepples em 1976 só pode ser descrita como escárnio, mas, a despeito de tudo isso, até 1979 *The New York Times* ainda se achava na obrigação de citar "o outro lado" (representantes negacionistas da indústria) cada vez que uma reportagem mencionava a ligação entre cigarro e câncer.

O vício

Um fumante recebe, em média, 1,5 miligrama de nicotina de cada cigarro fumado. Além de ser um veneno, a nicotina é uma droga que vicia, assim como o álcool, a cocaína e a heroína. Ao longo do tempo, a nicotina causa mudanças no cérebro do fumante, alterando os circuitos de neurônios que tomam parte nos processos de aprendizado, controle do estresse e autocontrole.

Essas mudanças fazem com que muitos fumantes sintam um desejo compulsivo de fumar e tenham enormes dificuldades em abandonar o cigarro. Estima-se que metade deles tente largar o vício a cada ano, mas apenas 6% dessas tentativas são bem-sucedidas. A maioria dos fumantes precisa de inúmeros ensaios antes de deixar o hábito para trás de vez.

Relatório produzido por um instituto de pesquisa suíço em 1963 para a indústria norte-americana de cigarros Brown &

Williamson (B&W) já afirmava que a nicotina era viciante. A B&W, que não existe mais, foi absorvida numa série de fusões com outras companhias. Ela era a produtora original de marcas populares de cigarro, como Lucky Strike e Pall Mall.

O setor do tabaco, no entanto, passou décadas negando essa informação e contestando estudos que mostravam que o cigarro era apenas mais uma droga que causava vício. No mesmo ano de 1963, outro executivo da B&W admitiu, num documento interno, que "estamos no negócio de vender nicotina, uma droga viciante".

As autoridades sanitárias demoraram décadas para chegar à mesma conclusão que a indústria escondia desde a década de 1960. Foi apenas em 1988 que o governo norte-americano advertiu oficialmente o público para o fato de que cigarros viciam e de que a causa do vício é a nicotina.

Em 1994, a FDA, órgão federal dos Estados Unidos que regula o mercado de medicamentos, definiu cigarros como "dispositivos de entrega de nicotina". Naquele mesmo ano, no entanto, testemunhando diante do Congresso norte-americano, altos executivos de sete grandes indústrias de cigarro disseram não acreditar que a nicotina viciasse.

Documentos internos da indústria, datados da década de 1980, mostram que funcionários das empresas eram treinados pelo pessoal de relações públicas para "escapar" de perguntas embaraçosas sobre a questão do vício. O modelo de resposta a seguir veio do livro *The cigarette papers*, uma análise de documentos internos da indústria do tabaco que foram liberados em ações judiciais:

É difícil discutir vício, hoje em dia, porque as pessoas aplicam o termo em circunstâncias muito diferentes. Há quem diga que os filhos são viciados em televisão (...). Muitas pessoas param de fumar. Por que algumas pessoas que dizem que querem largar o cigarro continuam a fumar? Por que as pessoas continuam comendo demais quando dizem que estão acima do peso?

A resposta ensaiada joga com a gradação de significados que a palavra "vício" pode ter. Cigarros não "viciam" no sentido leve, metafórico, como uma sobremesa ou um seriado de TV, e sim no sentido médico, clínico, como cocaína ou morfina.

O argumento de que muitas pessoas conseguem parar de fumar não nega ou diminui o caráter viciante da nicotina. Muitas pessoas também conseguem abandonar a morfina ou a heroína. O fato de que nem todas as pessoas atingidas por um tiro morrem não faz com que rifles e revólveres deixem de ser armas letais.

Partindo para o ataque

Se a indústria do cigarro tentou confundir a ciência quando o assunto era a relação entre tabaco e câncer e esconder a ciência no caso do poder viciante da nicotina, quando chegou a hora de tratar do problema do fumo passivo – o mal que a fumaça do tabaco faz a quem está no mesmo ambiente que um fumante –, a atitude adotada foi de ataque e desqualificação da ciência. No novo discurso, cientistas passam a ser tratados como "fanáticos" com uma "agenda política" e uma ameaça às liberdades democráticas dos fumantes. Essa mesma linha agressiva viria a ser adotada, pouco depois, na negação organizada do aquecimento global.

A fumaça produzida por um cigarro pode ser dividida em duas partes – um "fluxo principal", que é o que o fumante sorve, e um "fluxo lateral", que é a fumaça que sai da ponta acesa do cigarro e, somando-se à que é exalada pelo fumante, espalha-se pelo ambiente. O "fluxo lateral" é, na verdade, mais tóxico do que o principal, porque não passa pelo filtro, e a temperatura de combustão, quando o fumante não está sugando ativamente a fumaça, é mais baixa, o que produz uma queima incompleta e, portanto, uma fumaça mais suja.

A hipótese de que o fumo passivo ou, para usar o termo técnico, a fumaça ambiental de tabaco (FAT)

O argumento de que muitas pessoas conseguem parar de fumar não nega ou diminui o caráter viciante da nicotina. Muitas pessoas também conseguem abandonar a morfina ou a heroína. O fato de que nem todas as pessoas atingidas por um tiro morram não faz com que rifles e revólveres deixem de ser armas letais.

poderia causar danos à saúde de não fumantes sempre teve plausibilidade biológica, mas era especialmente difícil de testar. Como seria possível medir o grau de exposição de um não fumante ao tabaco, para depois comparar os muito expostos aos pouco expostos? Durante décadas, afinal, a fumaça de tabaco era uma constante em praticamente todos os ambientes, de ônibus a restaurantes e locais de trabalho.

Isso mudou em 1981, quando a revista médica *British Medical Journal* (BMJ) publicou um artigo de autoria do pesquisador japonês Takeshi Hirayama (1923-1995), mostrando que mulheres não fumantes, casadas com homens fumantes, corriam um risco elevado – significativamente maior do que o de mulheres casadas com não fumantes – de contrair câncer de pulmão. Hirayama determinou ainda que era possível estabelecer uma relação de dose-resposta: quanto maior o consumo diário de cigarros pelo marido, maior a chance de a mulher desenvolver câncer de pulmão.

Hirayama tinha sido meticuloso: o estudo incluíra dados de mais de 90 mil mulheres não fumantes, casadas com homens fumantes ou não fumantes, em 29 diferentes distritos do Japão. O acompanhamento havia durado 14 anos, de 1966 a 1979. Ele também controlou outros fatores, como o consumo de álcool pelo marido, e viu que nenhum deles afetava o risco de câncer de pulmão nas esposas não fumantes.

A indústria reagiu com um ataque à reputação de Hirayama. Um importante epidemiologista, Nathan Mantel (1919-2002), foi contratado para criticar o trabalho japonês. As críticas de Mantel foram disseminadas na imprensa. Essa repercussão em jornais e revistas foi, então, usada na formulação de um anúncio publicado nos maiores veículos de comunicação. A roda da falsa controvérsia girava e girava.

Documentos internos da indústria, porém, reconhecem que Hirayama provavelmente estava certo e que as críticas a seu trabalho foram indevidas. Um memorando enviado a um vice-presidente da B&W, seis meses após a publicação do artigo no BMJ, afirmava que cientistas e consultores contratados pela indústria para avaliar o estudo japonês "assumiram a posição de que Hirayama está certo e Mantel, errado" e "acreditam que

Hirayama é um bom cientista e que sua publicação sobre esposas não fumantes é correta".

Essas conclusões jamais apareceram no discurso público dos fabricantes de cigarro, no entanto. Pelo contrário, a estratégia de promoção do hábito de fumar como algo associado a coragem, força física, audácia e saúde ganhou novo impulso. Heróis do cinema – incluindo ícones da masculinidade, como o detetive Sam Spade, do filme *Relíquia macabra* (1941), e James Bond – sempre fumaram. Entretanto, em 1983, a B&W contratou Sylvester Stallone, pela soma de meio milhão de dólares, para usar "produtos de tabaco da empresa" em cinco filmes.

Com o avanço, ao longo da década de 1980, de leis e regulamentações para proteger os não fumantes dos perigos da FAT, a indústria passou a financiar – muitas vezes de modo sigiloso, quando não confidencial – indivíduos e grupos dispostos a promover a ideia de que a ciência havia sido pervertida, sequestrada por fanáticos esquerdistas dispostos a tudo, até mesmo a produzir "ciência lixo" (*junk science*, expressão popularizada por Steve Milloy, jornalista financiado pela indústria do tabaco) para ampliar o papel do Estado e, assim, privar os cidadãos do Ocidente de suas sagradas liberdades individuais.

Uma ONG, The Advancement for Sound Science Coalition (Coalizão pelo Avanço da Boa Ciência), foi criada por uma empresa de relações públicas a serviço da fabricante de cigarros Philip Morris para criticar trabalhos científicos que apontassem os perigos da FAT. A estratégia é chamada em inglês de *astroturfing*, em referência ao gramado artificial usado em quadras esportivas – num contraste irônico com outra expressão da língua inglesa, *grassroots* (literalmente, "raízes de capim"), que denota organizações surgidas da agitação popular, efetivamente "de baixo para cima".

O truque da ação por *astroturfing* e o mote do "Estado-babá repressor" seriam reutilizados na campanha da indústria do petróleo para desacreditar a ciência do aquecimento global causado pela atividade humana. Como os historiadores Naomi Oreskes e Erick Conway mostram em seu livro *Merchants of doubt* (*Mercadores da dúvida*), muitos dos especialistas de aluguel e instituições de fachada contratados ou criados pela indústria do tabaco foram "adotados" pela petrolífera quando a hora chegou.

Um caso emblemático é o do "negacionista em série" Siegfried Fred Singer (1924-2020), físico que, ao longo de décadas, emprestou sua voz para campanhas de negação do buraco da camada de ozônio, da ligação entre raios ultravioleta e câncer de pele, dos perigos da fumaça ambiental de tabaco e do aquecimento global. Singer era afiliado à Heritage Foundation, um grupo norte-americano ultraconservador que exerceu grande influência sobre as políticas públicas da administração do presidente Ronald Reagan (1911-2004). A mesma onde o ministro das Relações Exteriores Ernesto Araújo fez, em 2019, um discurso incoerente e paranoico sobre a conspiração por trás do "mito" do efeito estufa.

Singer parecia menos movido por interesses financeiros do que por uma fé inabalável no poder do mercado de resolver qualquer problema que o mercado criasse, e que nada – nem mesmo uma epidemia de câncer ou o colapso do sistema climático – poderia ser pior do que a intervenção do Estado na economia e na vida das pessoas.

AMIGOS DE VÍRUS E BACTÉRIAS

> *Um monstro horrível e poderoso, com os chifres de um touro, o traseiro de um cavalo, a mandíbula de um monstro marinho, os dentes e garras de um tigre, a cauda de uma vaca, carregando todos os horrores da caixa de Pandora: peste, lepra, úlceras e feridas fétidas cobrindo todo seu corpo em uma atmosfera que acumula doença, dor e morte. Surge no mundo para devorar a humanidade – especialmente crianças pobres e indefesas – não às dezenas, não às centenas ou mesmo milhares, mas às centenas de milhares. Esse monstro se chama vacinação, e sua destruição da humanidade tem sido devastadora e preocupante. Ainda assim, estranhamente, o monstro encontrou não somente uma multidão de amigos, mas de seguidores, que se colocam como oferendas e estimulam seu apetite voraz.*
>
> Citação de 1807, no *British Medical Journal*, 2002.

Vacinas salvam vidas. São certamente a estratégia mais eficaz de prevenção de doenças infecciosas que conhecemos. De acordo com a Organização Mundial de Saúde (OMS), hoje temos vacinas que previnem mais de 20 doenças potencialmente fatais, como difteria, tétano, coqueluche, influenza (gripe) e sarampo, evitando de dois a três milhões de mortes por ano.

Estimativas do Fundo das Nações Unidas para a Infância (Unicef) mostram que somente a vacinação contra o sarampo, entre 2000 e 2018, evitou 23,2 milhões de mortes. Dados da mesma organização também mostram que o número de crianças com sequelas de poliomielite despencou de 350 mil casos para 200 casos entre 1988 e 2019. Ainda, graças a esforços globais, o tétano em recém-nascidos hoje só é endêmico em 12 países.

Além de evitar sofrimento e morte, vacinas economizam gastos em saúde pública, liberando orçamento para cuidar de outras doenças. A vacinação é considerada a intervenção infantil com melhor relação custo-benefício. Estima-se que cada dólar gasto em imunização infantil devolve 44 dólares em benefícios econômicos.

No mundo anterior à criação das vacinas, um quinto das crianças morria de algum tipo de infecção antes de completar cinco anos. Ainda hoje, o Unicef estima que 1,5 milhão de pessoas morrem ao ano por falta de vacinação. Só em 2017, 25% das mortes de crianças com menos de cinco anos foram causadas por doenças infecciosas, como pneumonia, diarreia e sarampo, que poderiam ter sido evitadas com vacinas.

As vacinas, juntamente com os antibióticos e o saneamento básico, são consideradas uma das intervenções de base científica mais bem-sucedidas da história. Por que, então, ainda existem pessoas que optam por não se vacinar? Por que tantas pessoas têm medo de vacinas e há tanto ruído sobre efeitos colaterais, sequelas, riscos de doenças graves e de vida? Quando foi que as vacinas começaram a despertar mais medo do que as doenças que evitam?

Afinal, o que é uma vacina?

Vacinas nada mais são do que estratégias muito elegantes de preparar o sistema imune para enfrentar uma doença. O objetivo de toda vacina é fazer o sistema imune pensar que o corpo está doente e reagir. Qualquer coisa que se faça passar pelo microrganismo causador da doença e que seja bem-sucedida em despertar uma resposta imune é uma boa candidata a vacina.

Toda vez que o corpo humano é exposto a materiais estranhos, o sistema imune reage. Existem várias reações, que chamamos de "braços" do sistema. São estratégias diferentes do nosso corpo para combater invasores.

A primeira resposta que temos é a resposta imune inata. Já nascemos com ela, cheios de células de defesa que detectam elementos estranhos. Quando somos invadidos por um desses elementos, as células reagem e tratam de eliminar o invasor. Essa resposta é rápida, mas genérica. Serve como uma tropa de choque. Na maior parte das vezes, dá conta do recado. Porém, às vezes, alguns microrganismos conseguem permanecer ativos no corpo humano e se reproduzem em um ritmo que escapa à resposta inicial. Entra no jogo, então, a resposta adaptativa.

Se a resposta inata é uma tropa de choque, a adaptativa é de atiradores de elite. Muito mais precisa, essa resposta vai ser desenhada especificamente para aquele invasor que está causando problema no momento. Células especializadas, chamadas linfócitos, produzem anticorpos e células citotóxicas, que vão neutralizar e eliminar o invasor. Essas células têm um benefício extra: geram memória imunológica. Assim, da próxima vez que o invasor chegar, elas lembrarão e montarão a resposta adaptativa rapidamente. Por isso, existem tantas doenças que só pegamos uma vez na vida. O primeiro contato, se sobrevivemos, deixa-nos imunes. Ficamos protegidos, muitas vezes para a vida toda. É assim com doenças como catapora e sarampo, por exemplo. Outras doenças não geram memória tão longa e precisam de vacinação recorrente.

As vacinas aproveitam essa capacidade de gerar memória e enganam o sistema imune para montar essa resposta adaptativa mesmo sem estarmos doentes. Para isso, temos várias estratégias, que classificamos em gerações de vacinas.

Primeira geração

Já fazemos vacinas assim há muitas décadas. São as que usam microrganismos inativados ou atenuados, que não induzem doenças, mas estimulam o sistema imune. As vacinas inativadas são obtidas com o uso de produtos químicos ou calor, que "matam" o microrganismo, deixando-o incapaz de causar doença. As atenuadas são obtidas por meio de várias passagens do agente causador da doença por culturas de células até surgir uma linhagem do microrganismo que não cause doença, por já estar muito enfraquecida, mas ainda viva.

Outra maneira de obter linhagens atenuadas, ou enfraquecidas, é usar algum microrganismo muito parecido com o que causa a doença em humanos, mas que só ataca de verdade outros animais. Foi o caso da varíola e da tuberculose. A vacina de varíola foi feita com uma linhagem de vírus de varíola de vaca, e a de tuberculose, a BCG, com uma bactéria de vaca, também. Exemplos de vacinas inativadas hoje são da gripe, da raiva e, recentemente, várias para Covid-19, como a CoronaVac, do Instituto Butantan. Vacinas atenuadas são muito comuns. A tríplice viral, que protege contra sarampo, rubéola e caxumba, a vacina de catapora, e a BCG, contra tuberculose, são atenuadas. Todas têm um histórico extremamente seguro de uso e muito sucesso em prevenção de doenças.

Segunda geração

Essas vacinas já não usam o microrganismo inteiro, mas apenas pedaços dele. São chamadas vacinas de subunidades e vão desde aquelas mais antigas, que usam toxinas desnaturadas, chamadas toxoides, como a vacina de tétano, por exemplo, até as muito modernas, que usam proteínas purificadas.

O fragmento do microrganismo original presente na vacina já basta para "enganar" o sistema imune. Temos exemplos de vacinas de subunidades no nosso calendário, como hepatite B e HPV. E, mais recentemente, algumas empresas, como a Novavax, desenvolveram vacinas assim para Covid-19. São consideradas vacinas extremamente seguras, com nenhuma chance de causar doença, já que utilizam apenas parte do agente infeccioso. No entanto, precisam de uma ajudinha para estimular o sistema imune de forma eficiente. Por isso, muitas dessas vacinas empregam adjuvantes, que são substâncias que ajudam a causar a inflamação necessária para "acordar" o sistema imune e gerar memória.

Terceira geração

São as vacinas genéticas e as vetorizadas. Técnicas modernas, que só chegaram ao mercado recentemente. Já não usam nem o microrganismo inteiro nem pedaços, só informação. Informação genética.

As vacinas vetorizadas utilizam vírus vivos, mas inofensivos e incapazes de se multiplicar. Adenovírus, um vírus causador de resfriado comum, é uma escolha frequente. Esses vírus são usados como um veículo, um carregador (ou "vetor"), no qual inserimos uma sequência genética que codifica uma proteína do vírus que realmente interessa, o alvo da vacina. Quando o vetor chega ao organismo humano, ele entra na célula e usa a maquinaria celular para produzir essa proteína. A proteína é, então, apresentada ao sistema imune, que reage como se nossas células estivessem, de fato, tomadas pelo microrganismo-alvo da vacina. O sistema imune monta uma resposta e ficamos protegidos da doença.

As vacinas genéticas, de DNA ou mRNA, usam só informação genética, nem precisam de outro vírus como vetor. A ideia, no entanto, é a mesma: usar a informação para induzir a célula a produzir a proteína de interesse e apresentar ao sistema imune. No caso do DNA, utiliza-se um plasmídeo (uma estrutura circular de DNA) para levar a informação genética até as células do corpo humano. Já as moléculas de mRNA vão dentro de um veículo, uma cápsula de gordura.

Essas vacinas ainda não têm um longo histórico de uso e se tornaram populares durante a pandemia de Covid-19. As empresas Pfizer e Moderna foram responsáveis por colocar no mercado as primeiras vacinas de mRNA do mundo. A novidade despertou uma certa desconfiança, mas os testes clínicos mostraram um perfil muito sólido de segurança.

A oposição às vacinas

A rejeição à vacinação é tão antiga quanto a própria vacinação. O livro *The great inoculator: The untold story of Daniel Sutton and his medical revolutions* (*O grande inoculador: A história não contada de Daniel Sutton e sua revolução na medicina*), de Gavin Weightman, leva-nos aos primórdios da vacinação e fornece elementos para entendermos de onde vem o sentimento antivacinas e como ele se sustenta há mais de 200 anos.

Nossa história começa, claro, com a mais famosa doença infecciosa da história: a varíola. Hoje erradicada, graças a um esforço global promovido pela OMS, em uma campanha que durou dez anos, a varíola foi certamente a doença mais temida pela humanidade durante milênios. Era causada por um vírus de transmissão respiratória, com uma taxa de mortalidade que chegava a 30%. Quem sobrevivia levava cicatrizes para a vida toda. Muitos ficavam cegos. A doença era altamente contagiosa. Além da transmissão por gotículas de saliva, provocava bolhas na pele, recheadas de vírus. Assim, o contágio por superfícies contaminadas também era comum.

Geralmente, quem conta a história das vacinas começa por Edward Jenner (1749-1823), que descobriu que era possível usar a varíola de vaca para imunizar contra a varíola humana. O que poucos sabem, porém, é que Jenner não foi totalmente original.

Muito antes dele, já se adotava uma prática para prevenção da varíola baseada em inoculação. Consistia em intencionalmente coletar pus de uma bolha de varíola de alguém doente e "inocular" uma pessoa saudável, introduzindo esse pus por baixo da pele. O esperado era que, depois de alguns dias, a pessoa desenvolvesse sintomas da doença, febre, dores de cabeça e, finalmente, as bolhas características, mas que tudo isso acontecesse de forma menos intensa do que se fosse uma infecção natural. Muitos morriam, claro, mas uma boa parte sobrevivia e ficava imune à doença. A taxa de mortalidade com a inoculação era de 2% a 3%, comparada a 20% a 30% da doença natural. Claro, quem era inoculado podia ainda transmitir o vírus.

Há indícios de que a inoculação já era usada na China desde o ano 1000. No ano de 1661, a China abraçou oficialmente essa prática, por decreto imperial, e ela perdurou no Oriente por muitos séculos. Foi trazida para o Ocidente pela aristocrata e feminista inglesa *Lady* Mary Montagu (1689-1762), que foi extremamente criticada por defender a inoculação.

Além disso, os médicos britânicos logo trataram de dar seu "toque pessoal" ao método. Afinal, o que sabiam aqueles orientais? Resolveram, então, adaptar um procedimento muito simples e transformá-lo em um ritual sem pé nem cabeça, condizente com a medicina da época, baseada na teoria dos humores e na prática da sangria. Acreditava-se que o corpo era formado de humores – fluidos – e que as doenças aconteciam quando um desses humores entrava em desequilíbrio, prevalecendo sobre os demais. A cura era, portanto, purgar o humor em excesso, usando laxativos, induzindo vômitos ou sangrando as pessoas em pontos específicos até restabelecer o equilíbrio.

As adaptações do protocolo de inoculação incluíam uma preparação longa e elaborada: era preciso equilibrar os humores e baixar a temperatura. Para isso, usava-se um "tratamento precoce", baseado em laxantes e sangrias em diversas partes do corpo. Bebidas fortes eram proibidas, e o paciente deveria se manter calmo, alegre e sem medo. Pessoas ansiosas ou nervosas não eram consideradas boas candidatas. Todo esse processo certamente interferia no sucesso da inoculação; afinal, deixava o paciente mais frágil e, portanto, mais suscetível à doença. Logo surgiram as dúvidas e as resistências ao processo.

Primeiro, ele não era considerado um ato de deus. Acreditava-se que cabia a deus escolher quem ficava doente ou não, e os homens não deveriam interferir nisso. Havia também, claro, a preocupação real de que o método pudesse matar. Afinal, nada se sabia sobre a doença, e a teoria dos germes, que provou que doenças infecciosas são causadas por organismos microscópicos, ainda estava uns 200 anos no futuro. A prática só foi realmente se popularizar na Inglaterra quando, na metade do século XVIII, um jovem cirurgião chamado Daniel Sutton (1735-1819) aperfeiçoou e padronizou a técnica de inoculação. Sutton deixou de lado todas as medidas extras introduzidas pelos médicos de elite e focou no método original, de apenas transferir pus de uma pessoa infectada para outra, saudável. Ele chegava a inocular 700 pessoas por dia e começou a operar um sistema de franquias! Sua taxa de sucesso era muito superior à dos médicos de elite e ele se gabava de nunca ter perdido um paciente, o que era mentira, muito provavelmente, mas, mesmo assim, a baixa mortalidade chamava atenção.

Há muita especulação sobre o sucesso de Sutton. Alguns dizem que ele usava pústulas de pessoas que não tinham ficado muito doentes e, assim, selecionava linhagens mais brandas do vírus. Outros afirmam que, na verdade, ele elegia seus pacientes, tomando o cuidado de escolher sempre os mais saudáveis e que tivessem mais chance de sobreviver ao tratamento. Seja como for, o método, apesar de envolver riscos, foi em geral bem-aceito e difundido.

Então, veio Jenner. Sua grande sacada não foi propriamente inventar o método para inocular pessoas, mas perceber que existia um outro tipo de varíola. Ele reparou que as ordenhadeiras, trabalhadoras rurais que tiravam leite das vacas, geralmente apresentavam um tipo de varíola bem branda, que pegavam das vacas, e não adoeciam da mesma forma que as outras pessoas. Jenner resolveu experimentar um tipo diferente de inoculação, usando o conteúdo das bolhas de uma ordenhadeira para inocular uma criança de oito anos, James Phipps. O menino foi exposto à varíola diversas vezes, por meses seguidos, e parecia completamente protegido.

O processo, que hoje não seria aprovado por nenhum comitê de ética em pesquisa no mundo, ficou conhecido como vacinação e, mais tarde, todas as vacinas receberam essa denominação. Vacina é um derivado da palavra "vaca" em latim. A expressão *Variolae vaccinae* significa "varíola de vaca".

A vacina de Jenner tornou-se popular rapidamente. Afinal, era muito mais segura do que a inoculação, que tinha uma taxa de mortalidade de 2% a 3%. Sem contar que a vacina não precisava de preparação, dieta, sangria, não era necessário fazer quarentena, pois nenhum vacinado ficava contagioso. Parece óbvio que todos prefeririam a vacina de Jenner!

Infelizmente, a humanidade não costuma lidar muito bem com mudanças. A resistência à vacinação começou logo após a invenção da vacina de Jenner. Muitos preferiam o método da inoculação, mesmo com todos os riscos. Afinal, a inoculação era conhecida, e a vacina vinha da vaca! Muitos rejeitavam a ideia de receber algo vindo de um animal. Muitos pais ficaram revoltados com a ideia de colocar algo retirado de um bicho em seus filhos. É curioso notar como essa ideia do "corpo estranho" é antiga. O primeiro movimento antivacinas é, pois, tão antigo quanto as próprias vacinas e não deixou nada a desejar em termos de ativismo político.

Vários movimentos e frentes contrários à vacinação se formaram na Inglaterra. Leis que tornavam a vacinação compulsória foram promulgadas entre 1840 e 1853, gerando uma multidão de descontentes. Foi a primeira vez que a saúde pública interferiu em liberdades individuais. Os movimentos antivacinação modernos utilizam muitos dos argumentos apresentados naquela época.

As leis eram bastante rigorosas no início. A de 1853 determinava vacinação obrigatória de todas as crianças até três meses, e os pais que se recusavam ficavam sujeitos a multa ou prisão. Em 1867, a obrigatoriedade foi estendida para 14 anos. A resistência às leis ficou patente nos protestos violentos que se seguiram. Em 1867, foi fundada a Liga Contra Vacinação Compulsória. Pipocaram artigos, livros e até jornais específicos, como o *Anti-vaccinator* e o *Vaccination Inquirer*. O resto da Europa também não demorou a reagir.

Na Inglaterra, após pressão dos movimentos contrários, o parlamento voltou atrás. Em 1898, removeu as sanções e introduziu um certificado de isenção para os pais que não acreditavam que a vacinação fosse segura ou eficaz.

Nos Estados Unidos, o movimento contrário também floresceu e, como na Inglaterra, associações e ligas antivacinação foram formadas.

Com o tempo e a constatação de que a prática era segura e eficaz, a vacina foi ganhando aceitação. A varíola acabou se tornando a primeira – e única – doença infecciosa erradicada do planeta. Em 1959, a OMS iniciou uma campanha global para eliminá-la. Sofrendo com a falta de financiamento, a campanha só decolou de fato em 1967, quando diversos laboratórios pelo mundo começaram a produzir o imunizante.

Em 1977, o mundo registrou seu último caso de varíola natural – houve um depois disso, causado por acidente de laboratório. Em maio de 1980, a OMS declarou o mundo livre de varíola, uma vitória da ciência ainda maior que a chegada do homem à Lua. Mesmo assim, nunca nos livramos do movimento negacionista antivacina.

O caso dos Laboratórios Cutter

Falou-se muito, durante a pandemia da Covid-19, que nunca antes o público havia acompanhado tão de perto os testes clínicos de vacinas e nunca houvera tanta expectativa. Talvez a outra vacina que, na história, tenha causado uma ansiedade comparável tenha sido a da poliomielite.

Em 1916, uma epidemia de poliomielite marcou a história dos Estados Unidos. Mais de 27 mil norte-americanos morreram. Só na cidade de Nova York, foram reportados 8.900 casos e 2.400 mortes, das quais 80% eram de crianças com menos de cinco anos. Isso coincidiu com o início da Primeira Guerra Mundial, o que acabou colocando a emergência sanitária para escanteio, mas os pesquisadores da época estavam alarmados.

Alguns anos depois, em 1921, as manchetes dos jornais norte-americanos eram todas sobre a triste notícia de que Franklin Roosevelt, um político popular que havia sido candidato a vice-presidente pelo Partido Democrata nas eleições de 1920, perdera o movimento das pernas, com diagnóstico de poliomielite (a despeito da deficiência física, Roosevelt viria a ganhar as eleições para governador de Nova York em 1928 e para presidente em 1932, governando os Estados Unidos durante toda a Segunda Guerra Mundial). Talvez esse tenha sido o fator decisivo que lançou a busca pela vacina.

O pediatra e especialista em vacinas Paul Offit, em seu livro *The Cutter Incident*" (*O caso Cutter*), conta que, na década de 1950, depois da epidemia de Nova York e de diversos surtos que matavam ou deixavam sequelas terríveis, a pólio só não era mais temida nos Estados Unidos do que a bomba atômica. Em 1952, o país teve nova epidemia de pólio, pior do que a anterior. Dessa vez, computaram-se 58 mil pessoas afetadas. Foi nesse cenário que surgiu a primeira vacina contra essa doença, desenvolvida por Jonas Salk (1914-1995). A segunda não demoraria a chegar, feita por Albert Sabin (1906-1993).

Jonas Salk desenvolveu uma vacina de vírus inativado, usando três linhagens de vírus da pólio. Ele usou formalina, um agente químico, para inativar o vírus, que então se tornou incapaz de provocar doença, mas ainda provocava resposta imune. Em 1953, foi conduzido o maior ensaio clínico da época, envolvendo mais de um milhão de participantes. Foi o primeiro teste de vacinas que usou o padrão ouro de testes clínicos, o chamado RCT, estudo clínico randomizado, duplo-cego e com grupo placebo. Os resultados mostraram que quem não havia recebido a vacina tinha três vezes mais chance de desenvolver paralisia. Trinta e seis crianças desenvolveram pólio e precisaram ser colocadas nos "pulmões de aço". Somente duas estavam no grupo vacinado. Dezesseis crianças morreram de pólio. Todas estavam no grupo placebo. A vacina era um sucesso.

Logo foram feitos acordos com três empresas para a produção em massa. Duas dessas, a Eli Lilly e a Parke-Davis, eram laboratórios experientes, tendo fabricado a vacina para o teste clínico, mas o terceiro, o Laboratório Cutter, não era. Jonas Salk não entregou instruções detalhadas de como inativar o vírus. As empresas receberam instruções genéricas, mas, segundo Offit, alguns "detalhes", como o processo de filtragem, a quantidade máxima de partículas virais a serem inativadas e os intervalos exatos a serem utilizados, não foram incluídos nas instruções. Cada fábrica, assim, teria de desenvolver seu próprio método.

Os laboratórios Cutter foram responsáveis por um acidente que abalou fortemente a confiança nas vacinas e na indústria farmacêutica. Bernice Eddy (1903-1989), pesquisadora responsável pelo controle de qualidade da vacina de pólio do Laboratório de Controle Biológico, o comitê de licenciamento, informou a seu superior, William Workman, que algo inusitado havia ocorrido. Cabia a ela determinar se os lotes de vacina a serem comercializados estavam completamente livres de vírus vivos, ou seja, se a inativação tinha sido bem-sucedida. Eddy descobriu que três dos seis lotes de vacinas submetidos pelos Laboratórios Cutter paralisavam macacos. Ela conta que, ao perguntar a um colega o que ele achava que havia acontecido com os macacos, ele lhe respondeu: "Eles receberam o vírus da pólio, oras". Ao que ela replicou: "Não, eles receberam a vacina!".

Workman nunca reportou os achados de Eddy ao comitê. No dia 12 de abril de 1955, 13 lotes de vacina foram aprovados para distribuição: seis eram do Cutter. Duas semanas depois, os primeiros casos começaram a aparecer. Duzentas mil crianças do Oeste norte-americano receberam a vacina. Destas, 40 mil desenvolveram pólio, 200 ficaram paralíticas e 10 morreram.

O caso Cutter abalou seriamente a confiança nas vacinas e abriu caminho para a vacina Sabin, feita com outra técnica, a de vírus atenuado. A Sabin era bem mais barata e fácil de aplicar e transportar, já que se tratava de uma vacina oral, a famosa "gotinha".

Porém, em questão de segurança, na verdade, uma vacina inativada é mais segura do que uma vacina viva, atenuada. No caso da Sabin, apesar de muito raros, há casos de paralisia causada por essa vacina, tanto que o objetivo da OMS é conseguir substituir totalmente o uso da Sabin pela Salk no plano global de erradicação. Não conseguiremos erradicar totalmente a pólio usando a Sabin.

Assim, curiosamente, a perda de confiança em uma vacina contribuiu para o sucesso de outra que, no fundo, era menos segura, mas certamente não foi o único fator. A vacina Sabin tinha

– e tem ainda – seus próprios méritos e foi a responsável por quase conseguirmos eliminar a pólio do mundo. É uma vacina muito mais acessível para países pobres.

Outro resultado interessante do caso Cutter é que a regulamentação da produção de vacinas ficou muito mais rigorosa. Hoje, a inspeção da fábrica e a descrição de todo o processo são parte corriqueira da aprovação de uma vacina.

A pólio, aliás, já deveria ter sido eliminada da face da Terra em 2007. Uma das causas do não cumprimento dessa meta foi uma onda de sentimento antivacinas que se espalhou pela África após os atentados terroristas de 11 de setembro nos Estados Unidos: boatos começaram a circular afirmando que a vacina seria, na verdade, uma "arma secreta" para eliminar muçulmanos.

Coqueluche na Inglaterra

Na mesma época em que o mundo se unia contra a varíola e as vacinas da pólio ganhavam notoriedade, mais um episódio de crise antivacinação ganhava corpo na Inglaterra.

Na década de 1970, a vacina combinada de difteria, tétano e coqueluche (DTP) já estava sendo usada havia pelo menos duas décadas naquele país e já se tinha observado queda na incidência dessas doenças numa comparação com a primeira metade do século XX. Só na década de 1940, aproximadamente 60% das crianças em idade escolar haviam sido acometidas por coqueluche, e o saldo de mortes causadas por essa doença chegou a nove mil, com casos principalmente em crianças pequenas.

A vacina era feita com a bactéria *Bortedella pertussis* (da coqueluche) inativada, e toxoides tetânico e diftérico, ou seja, versões inofensivas das toxinas produzidas pelos agentes causadores do tétano e da difteria. Essa formulação, chamada celular, raras vezes provocava febres altas que, em situações ainda mais raras, podiam causar convulsões. Relatos de casos apareciam na mídia e eram associados – indevidamente, sem nenhuma relação real de causa e efeito – a encefalopatias danos neuronais e até morte. Atribui-se muito do sentimento antivacina dessa época ao papel sensacionalista dos meios de comunicação, mas houve também uma forte reação da classe médica.

Muitos médicos começaram a questionar abertamente a segurança da vacina. Em 1974, a publicação de um estudo conduzido no hospital Sick Children at Great Ormond Street abalou a confiança na vacina. Era um relato de casos de apenas 36 crianças que, supostamente, haviam sofrido complicações neurológicas após receber a DTP. O assunto ganhou a mídia e logo surgiram documentários e reportagens de jornal contando histórias de horror de crianças supostamente "prejudicadas" pela vacina.

Curiosamente, o caso original dessas 36 crianças nunca foi investigado a fundo, porque os dados originais teriam sido destruídos em um incêndio. O estrago, no entanto, estava feito. Pais de crianças com deficiência estavam convencidos de que a culpa era da DTP. Novamente, ligas e associações foram formadas. O resultado foi uma queda abrupta nas taxas de vacinação, o que levou a uma epidemia de coqueluche que somou mais de cem mil casos só no Reino Unido.

Um médico se tornou extremamente popular, liderando o movimento contrário à DTP. Gordon Stewart (1919-2016), convencido de que a vacina era maléfica, publicou uma série de 160 casos de encefalopatia que, segundo alegava, eram efeito da vacina. Pais de crianças acometidas por essa condição, entusiasmados com a possibilidade de ter a quem culpar pelo infortúnio, traziam mais casos para o médico.

> Vacinar-se, especialmente na infância, tende a ser uma ocasião memorável, e problemas graves de saúde certamente chamam atenção e ficam gravados na lembrança, mas essa é uma intuição que precisa ser confirmada com dados concretos de um número grande suficiente de casos. Sem esses cuidados, fica impossível separar relações reais de coincidências ou superstições.

O governo finalmente resolveu atuar e montou dois comitês investigativos, que revisaram os casos de sequelas, concluindo que não havia como estabelecer uma relação causal entre a DTP e a encefalopatia. Um dos comitês montou um grande estudo investigativo, identificando todas as crianças entre 2 e 36 meses que estavam hospitalizadas no Reino Unido por causa de doenças neurológicas, e procurou correlações com a DTP. Concluiu-se que a correlação era muito fraca.

Esse é um tema recorrente em diversos capítulos deste livro e vale a pena chamar atenção para ele aqui, de novo: estabelecer que uma associação no tempo (isto veio depois daquilo) corresponde a uma associação causal (isto foi causado por aquilo) está longe de ser simples. Ainda mais quando os dois eventos são notáveis, a propensão a vê-los como interligados é muito forte.

Vacinar-se, especialmente na infância, tende a ser uma ocasião memorável, e problemas graves de saúde certamente chamam atenção e ficam gravados na lembrança, mas essa é uma intuição que precisa ser confirmada com dados concretos de um número grande suficiente de casos. Sem esses cuidados, fica impossível separar relações reais de coincidências ou superstições.

Com a evidência de que a DTP era inocente das "sequelas" atribuídas a ela, e já antecipando uma nova epidemia de coqueluche, o governo britânico lançou uma campanha agressiva para educar a população sobre a importância e a segurança da vacinação. O ministro da Saúde vacinou publicamente a própria filha, para dar o exemplo. O movimento antivacinas reagiu e acusou o governo de fazer sensacionalismo. Pais que acreditavam que seus filhos houvessem sido prejudicados pela DTP levavam seus casos à justiça, pedindo reparação. Embora os índices de vacinação acabassem retornando ao normal, graças à campanha do governo, os casos nos tribunais duraram décadas.

Em março de 1988, o juiz Stuart Smith determinou que não havia evidência suficiente da responsabilidade da vacina pelas doenças neurológicas, e que provavelmente estas eram decorrentes de outras causas, referendando assim o consenso científico. O último surto de coqueluche no Reino Unido foi em 1985, já bem menor do que os anteriores, e, no final da década de 1980, a taxa de vacinação já era equivalente à de 1974, antes da onda de resistência à DTP.

O movimento anti-DTP não ficou restrito à Inglaterra. Atingiu o Japão, onde a imunização chegou a ser suspensa, gerando um surto de coqueluche com 13 mil casos e 40 mortes, só no ano de 1975. O Japão desenvolveu rapidamente uma vacina acelular, que não mais usava a bactéria inteira inativada, e isso pareceu reduzir bastante os efeitos colaterais de febre e convulsão. A vacina acelular é amplamente usada até hoje em diversos países.

Nos Estados Unidos, o movimento rendeu até um documentário, em 1982, chamado *DTP: A roleta-russa da vacina*. Lá, também se formaram associações, ligas e processos judiciais. No entanto, havia muito menos controvérsia entre os médicos norte-americanos do que a observada entre os ingleses.

É interessante especular por que, de repente, havia mais medo da vacina do que da doença. Coqueluche é, afinal, uma doença que pode ser fatal em bebês e crianças pequenas. No entanto, em crianças maiores e em adultos, é vista como menos preocupante, apenas uma tosse que demora mais para passar. Alguns autores também especulam que, na Europa, as doenças da infância eram mais toleradas como "naturais", o que pode ter contribuído para essa percepção distorcida sobre o risco da doença e o risco da vacina.

A crise da DTP parecia completamente resolvida no final da década de 1980, mas o pior, em termos de reação contra vacinas, ainda estava por vir.

O mito do autismo

Conhecido como o estopim do movimento antivacinas moderno, o caso Wakefield no Reino Unido certamente foi muito fortalecido pelo sentimento de desconfiança gerado pelo caso da DTP e da associação espúria que foi feita entre essa vacina e possíveis sequelas neuronais. Pegando carona nessa história, um médico inglês foi responsável por uma fraude que gerou consequências gravíssimas de saúde pública para o mundo todo, e que persistem até hoje.

Em 1988, Andrew Wakefield publicou um artigo na renomada revista médica *The Lancet*, relacionando a vacina tríplice viral (MMR), que protege contra caxumba, rubéola e sarampo, com o desenvolvimento de uma síndrome intestinal e sintomas de autismo em crianças. O estudo contava com apenas 12 crianças, que, segundo os autores, teriam sido admitidas no hospital Royal Free, em Londres, para tratar de problemas gastrointestinais.

Logo de cara, chama atenção o fato de que o número de crianças participantes do estudo era ínfimo, insuficiente para gerar qualquer conclusão séria. Mesmo se tivesse sido conduzido com boa-fé (o que não foi, como investigações posteriores mostraram), o trabalho publicado na *Lancet* seria, no máximo, uma curiosidade, um ponto de partida para pesquisas mais abrangentes e de maior qualidade.

A hipótese de Wakefield era de que a vacina combinada, por apresentar uma grande quantidade de antígenos – isto é, "agressores" do sistema imune – na forma de vírus vivos, atenuados, podia se perpetuar no intestino das crianças e no fluido cerebral, causando o que ele batizou de "autismo regressivo", ou seja, crianças que nasciam normais e depois desenvolviam autismo por causa da vacina. Ele pedia um boicote à MMR, em favor de vacinas simples, uma para cada doença. Em outras palavras, ao menos no princípio, o médico não era antivacinas, mas somente contrário àquela vacina em particular. Uma investigação minuciosa, conduzida pelo jornalista Brian Deer, descobriu que, dois anos antes da publicação do artigo, Wakefield havia sido contratado pelo advogado Richard Barr, que planejava processar a farmacêutica responsável pela produção da MMR. Barr estava com um esquema montado, incluindo várias famílias dispostas a processar a empresa e culpá-la pelo autismo de seus filhos. Ele só precisava de um médico especialista para entrar como parceiro. Wakefield seria perfeito.

Andrew Wakefield cobrou 150 libras por hora de trabalho, mais 55 mil libras para investir na "pesquisa". Tudo isso creditado na conta de sua esposa, dois anos antes da publicação na *Lancet*. Na época, a remuneração equivalia a 750 mil dólares. Hoje, cerca de 1,2 milhão de dólares ou aproximadamente 7,7 milhões de reais. E mais, um ano antes de o artigo sair, Wakefield entrou com um pedido de patente para uma vacina simples para sarampo. Acabando com a credibilidade da MMR, o advogado lucraria milhões e Wakefield somaria mais alguns milhões, vendendo sua vacina simples patenteada.

Desacreditar a MMR se mostrou, na verdade, muito simples: bastava reunir 12 crianças nada aleatórias, com sintomas intestinais e de autismo, submetê-las a diversos exames desnecessários, fraudar os prontuários e dizer que os sintomas de autismo haviam começado logo após a vacinação. Segundo a apuração de Deer, não houve um único prontuário que não tivesse sido adulterado. A maior parte das crianças era filha de clientes de Barr. Nenhuma chegara voluntariamente ao hospital, com queixas de problemas intestinais ou sintomas de autismo. Foram crianças pré-selecionadas para o perfil que Wakefield queria traçar, mas, claro, como não se encaixavam perfeitamente, foi necessária uma "ajustada".

O estudo dizia que todas as crianças tinham apresentado sintomas aproximadamente 14 dias após a aplicação da vacina. Acesso aos registros originais e entrevistas com as famílias demonstraram que isso não ocorreu em nenhum dos casos. Alguns relatavam sintomas meses depois, ou anos antes. Nenhuma família morava em Londres. Nenhuma criança apresentava qualquer tipo de inflamação intestinal. O estudante de doutorado encarregado de colher amostras intestinais e líquido medular das crianças admitiu nunca ter encontrado nada. Doze crianças foram submetidas a exames invasivos e desnecessários.

Em 2004, Wakefield foi julgado e considerado culpado por fraude e conduta profissional inadequada, e sua licença para praticar medicina no Reino Unido foi cassada. O *British Medical Journal*, outro importante periódico especializado em medicina, acusou a revista *The Lancet* de conduta editorial inadequada. A revista retratou o artigo – na praxe científica, retratar equivale a renegar, "despublicar" o trabalho – e todos os coautores retiraram seus nomes. O hospital demitiu Wakefield.

O estrago, infelizmente, já estava feito. Nos anos passados entre a publicação do artigo e sua retratação, diversos pais e mães encontraram na MMR uma "explicação" para o seu sofrimento e o de seus filhos. Uma resposta para a pergunta "por que isso aconteceu comigo?". Celebridades como os atores Jim Carrey e Jenny McCarthy abraçaram a teoria de Wakefield e se transformaram em grandes defensores da causa antivacinação.

As taxas de vacinação começaram a cair no mundo todo e surtos de sarampo se tornaram frequentes. O primeiro grande surto ocorreu em 2004, na Inglaterra, surgindo a primeira morte por sarampo em 17 anos. Em 2013, outro surto, dessa vez na

Califórnia. Em 2017, nos Estados Unidos, 12 casos de sarampo foram notificados em apenas duas semanas, todos em crianças não vacinadas com menos de seis anos. Também em 2017, em Portugal, uma adolescente de 17 anos morreu, vítima de sarampo.

Pensamento mágico

No século XX, todos os incidentes que contribuíram para fomentar o sentimento antivacinação foram resolvidos e seus resultados, divulgados. O caso Cutter foi um erro, a DTP nunca teve relação com encefalite, a ligação entre autismo e MMR nunca existiu e sua promoção foi resultado de uma fraude criminosa. No entanto, o sentimento e a desconfiança persistiram. Em parte, porque sempre existiram, como vimos na história da varíola e da inoculação. Os argumentos de Jonathan Haidt sobre os fundamentos das intuições morais, que encontraremos em mais detalhes no capítulo sobre transgênicos, também se encaixam aqui.

A falácia do apelo ao natural, de que não precisamos de vacinas se formos saudáveis e vivermos em harmonia com a natureza, é muito presente no movimento antivacinas no Brasil. Esse movimento é financiado por grupos que promovem produtos "naturais", categoria que, paradoxalmente, inclui vitaminas e suplementos em cápsulas tão "artificiais" quanto o conteúdo de uma lata de refrigerante.

Algumas modalidades de medicina alternativa, como a antroposofia e, às vezes, a homeopatia, também advogam contra vacinas, alegando que doenças da infância são importantes, que a imunidade natural é melhor do que a imunidade oferecida pelas vacinas e que doenças são parte da vida e ajudam a construir caráter.

O médico infectologista Guido Carlos Levi menciona, em seu livro *Recusa de vacinas: Causas e consequências*, um surto de sarampo na cidade de São Paulo, em que "alguns dos acometidos eram crianças com pais e/ou pediatras antroposóficos e, em consequência, não vacinadas. Foram necessários grandes esforços dos profissionais da vigilância epidemiológica do estado de São Paulo (CVE) para impedir que o surto tomasse proporções maiores".

Um artigo publicado em 2013 na revista *Arte Médica Ampliada*, da Associação Brasileira de Medicina Antroposófica, ao mesmo tempo que reafirma o compromisso da associação com o calendário de vacinações infantis promulgado pelo Ministério da Saúde, aponta que, segundo a doutrina, doenças como rubéola e sarampo podem ser benéficas para a criança. Fica em aberto a questão de qual "benefício" receberam as 110 mil pessoas que morreram de sarampo – uma doença perfeitamente evitável – em todo o mundo em 2017, exatamente por falhas na cobertura vacinal. Citamos a ponderação da revista:

> Segundo a antroposofia, as doenças comuns da infância cumprem uma função específica (...) de transformar e fortalecer a vitalidade (organização vital ou corpo etérico), remodelando as características herdadas e favorecendo a constituição de uma corporalidade mais individualizada. Esse processo seria especialmente válido, segundo Rudolf Steiner, para as doenças exantemáticas (como sarampo, rubéola e varicela).

E, um pouco mais adiante:

> Outro aspecto apontado por Steiner é que as forças empregadas para o enfrentamento de algumas condições de saúde poderiam ser definitivamente incorporadas como uma nova capacidade/habilidade para a saúde física, anímica, espiritual. Sob este ponto de vista, vacinar a criança poderia tirar dela a possibilidade de enfrentamento de tal doença e de transformação.

Para além dos indicadores claros de pensamento pseudocientífico, ou mesmo pré-científico ("corpo etérico", "saúde anímica"), fica evidente a tensão entre o sistema de crenças propalado e a conduta recomendada (vacinar de acordo com o calendário oficial). A crença de que as doenças que as vacinas evitam são, na verdade, boas oportunidades que as crianças estão perdendo continua difundida entre os médicos antroposóficos.

Veja este trecho de entrevista de 2002, publicada pela Sociedade Antroposófica Brasileira:

> Na Europa, muitas mães ainda cultivam a antiga tradição de levarem [sic] os filhos para visitar as outras crianças com doenças exantemáticas com o objetivo de proporcionar uma imunização natural. Mas, hoje em dia, fica cada vez mais difícil para esse pequeno ser usufruir os benefícios que estas doenças "naturais" podem lhe proporcionar. De um lado, temos as vacinas e de outro os antitérmicos...

"Doenças exantemáticas", caso alguém esteja se perguntando, são aquelas "que se manifestam por meio da pele, como o sarampo, a rubéola e outras".

Alvo móvel

Como ficou comprovado que vacinas não causam autismo nem deixam sequelas neuronais, o alvo dos *anti-vaxxers*, como são chamados os grupos radicais antivacinação, vai mudando. É o que denominamos de "alvo móvel". Se não são as vacinas em si que fazem mal, então, é a quantidade de vacinas ou o conservante das vacinas. Alguma coisa ali tem de fazer mal, para justificar a decisão de não vacinar. Em último caso, são produtos inúteis que a indústria farmacêutica malvada tenta empurrar. Ou, ainda, para os adeptos de teorias da conspiração, a indústria inventa a doença para depois vender vacinas. Vimos todos esses argumentos durante a pandemia de Covid-19, com alguns extras para as vacinas de terceira geração, de que iriam interferir no nosso DNA ou nos transformar em jacarés, segundo Jair Bolsonaro.

Os médicos antroposóficos e alguns homeopatas também alegam que o calendário vacinal moderno tem um número muito grande de antígenos e pode comprometer o sistema imune natural. Isso também não é verdade. As crianças são expostas a uma enorme quantidade de antígenos desde o nascimento: todas as moléculas produzidas fora do corpo são, em princípio, antígenos – incluindo o leite materno, o suor da mãe, as fibras da fralda. Segundo dados do Centro de Controle de Doenças dos Estados Unidos, todas as vacinas do calendário contribuem com

0,1% da estimulação do sistema imune de uma criança. Além do mais, quanto mais moderna a vacina, menos antígeno usa, pois a vacina de segunda ou terceira geração usa apenas pedaços dos microrganismos ou informação genética, ao passo que a doença natural envolve o microrganismo inteiro.

Na pandemia de Covid-19

Durante a pandemia, o movimento antivacinas ganhou nova roupagem. As vacinas genéticas e vetorizadas caíram no mundo e, com elas, o medo das novas tecnologias foi explorado. Alega-se que vacinas alteram o nosso DNA, causam infertilidade ou não são confiáveis porque foram desenvolvidas rápido demais. Todos esses argumentos podem ser rebatidos facilmente. As vacinas genéticas não alteram nosso DNA, porque não têm como interagir com ele. As vacinas de RNA não entram no núcleo da célula, onde fica guardado o DNA. As de vetor entram, mas o vetor é modificado para não se replicar e usa um tipo de vírus, o adenovírus, que não se integra ao genoma humano. Pelo mesmo motivo, as vacinas não têm como causar infertilidade.

Vacinas de RNA e de vetor são simulações de uma infecção natural. Quando alguém contrai uma doença viral, os vírus colocam seu material genético – DNA ou RNA – dentro da célula humana e utilizam a maquinaria celular para fabricar suas próprias proteínas e fazer várias cópias de si mesmos. As vacinas genéticas fazem igual, mas, em vez de levar todo o vírus para dentro da célula, levam apenas um pedaço, que vai servir para fazer uma única proteína. Essa proteína, sozinha, vai alertar o sistema imune, que pensa que o vírus inteiro está lá e reage, fabricando anticorpos e outras células de defesa. Se houvesse qualquer chance de o RNA ou DNA de diversos vírus interagir com o nosso genoma, transformando-nos em mutantes, isso também deveria acontecer na infecção natural, e seríamos todos X-Men!

Quanto à rapidez no desenvolvimento de vacinas, três fatores a explicam: investimento, colaboração e estudos prévios com outros vírus.

Nunca tivemos tanto investimento de uma vez só em busca de vacinas para uma única doença. Testes clínicos de vacinas são os mais caros do mundo, pois é preciso recrutar um grande número de pessoas, entre voluntários e profissionais para o acompanhamento. Isso tudo além da fase pré-clínica, que envolve testes em células e animais. No caso da Covid-19, a falta de um modelo animal adequado ainda exigiu o uso de animais transgênicos, que são caros. As empresas precisaram trabalhar com risco, realizando diferentes etapas de teste simultaneamente. Assim, o que normalmente seria feito fase a fase, esperando pacientemente resultados antes de assumir os custos da etapa seguinte, foi substituído pelo risco de juntar fases, mesmo sem saber se o investimento compensaria.

Se houvesse qualquer chance de o RNA ou DNA de diversos vírus interagir com o nosso genoma, transformando-nos em mutantes, isso também deveria acontecer na infecção natural, e seríamos todos X-Men!

Isso, somado a um amplo movimento de colaboração internacional entre laboratórios, que geravam uma grande quantidade de informação, e ao fato de que a maior parte das vacinas para Covid-19 não começou do zero, mas adaptou estratégias pensadas para outras doenças, fez com que tivéssemos vacinas em tempo recorde. Como em toda crise, isso gerou resultados e conhecimento que podem mudar para sempre a maneira como faremos vacinas daqui para a frente.

Uma análise publicada no início de 2021 pela ONG americana Centro de Combate ao Ódio Digital (CCDH, na sigla em inglês) aponta, entre os principais agentes dos movimentos antivacina, as categorias "ativista", "empresário" e "conspiracionista". O "ativista" é alguém que, por convicção íntima ou crença ideológica, busca espalhar uma mensagem contra vacinas. O "empresário" é aquele que tem algo a ganhar com essa mensagem – prestígio político ou, no caso dos vendedores de vitaminas e produtos naturais "para fortalecer o sistema imune", dinheiro. O "conspiracionista" é alguém movido por desconfiança diante da fala das autoridades ou da própria ciência. Claro, essas categorias não são mutuamente excludentes. O empresário bem-sucedido tem motivos para agir como ativista e para promover teorias da conspiração.

O CCDH chama ainda atenção para os "3Cs" da retórica antivacinas: complacência, confiança, conveniência. "Complacência" é a ideia de que a doença que a vacina evita não é tão grave assim: sarampo seria uma "doença normal da infância", Covid-19, "só uma gripezinha". "Confiança" é a crença nos médicos, nos políticos, nos comunicadores que promovem as vacinas: essas pessoas estão falando a verdade? A vacina é segura mesmo? "Conveniência", por fim, chama atenção para as dificuldades de obter uma vacina, o incômodo da picada no braço, as filas, os horários ruins. Não é mais fácil tomar cloroquina?

Cada um desses "Cs" pode ser elaborado ou manipulado de modo diferente para diferentes grupos: xenófobos podem ser estimulados a desconfiar de vacinas estrangeiras; minorias étnicas, a se ver como alvo de experimentos sinistros produzidos pelo grupo dominante. É importante, no entanto, reconhecer que essa retórica não nasce num vácuo.

Quando estudamos o caso da DTP e o caso Cutter, vemos que a desconfiança gerada na população veio, em boa parte, de fontes oficiais. No caso da DTP, apesar de a mídia ter sido acusada de sensacionalismo, não podemos deixar de apontar a atitude anticientífica dos médicos, principalmente na Inglaterra. Muitos profissionais de saúde, convencidos por boatos ou coincidências de que a DTP poderia causar sequelas neuronais, pararam de indicar a vacina e alguns se tornaram porta-vozes importantes do movimento contrário à vacinação. Não é muito diferente do que aconteceu com a classe médica brasileira, no caso da cloroquina e do tratamento precoce para Covid-19, com vermífugos, remédios para piolhos e vitaminas. Medicamentos inúteis e com efeitos colaterais não desprezíveis foram prescritos por médicos no Brasil todo, durante toda a pandemia, sem nenhuma consideração pela ciência de boa qualidade que mostrava claramente as evidências desfavoráveis.

O caso Cutter, por sua vez, ecoa nos diversos comunicados de imprensa dos grandes laboratórios produtores de vacinas durante a pandemia, ora exagerando, ora fantasiando resultados para atrair investimentos ou impulsionar valor das ações na bolsa. A falta de transparência nos resultados das pesquisas de algumas das vacinas desenvolvidas contra o SARS-CoV-2 dificultou muito o trabalho sério de cientistas e comunicadores de ciência, que faziam malabarismos tentando equilibrar a necessidade de falar claramente – e honestamente – com o público, e o cuidado de não alimentar ainda mais a desconfiança injustificada e o negacionismo.

Ao final, assim como no caso dos surtos de coqueluche e de pólio, quando o medo da doença fala mais alto, ou como no caso da Covid-19, quando o desejo do retorno à vida pré-pandemia prevalece, a procura pela vacina vence o movimento negacionista. O problema é quando a urgência acaba e as pessoas esquecem. Como bem colocou Guido Levi, "as vacinas são vítimas do seu próprio sucesso". Quando as doenças que elas evitam se tornam menos visíveis, o movimento antivacinas cresce, apostando no estímulo à complacência e à conveniência, e atacando a confiança: nesse momento, o papel dos meios de comunicação é fundamental, tomando o cuidado de não exagerar a dimensão de eventuais problemas trazidos pelas vacinas (reais ou, na imensa maioria das vezes, imaginários), nem minimizar o perigo das doenças que as imunizações combatem ou o tamanho do benefício que produzem.

O discurso antivacinas se alimenta não somente da incerteza e da desconfiança, mas da calmaria. Quando ele cresce, as doenças voltam. Assim como aconteceu com o sarampo, o mesmo pode ocorrer com a pólio e até com a Covid-19. Quando passar tempo suficiente para que as pessoas se esqueçam de como foi a pandemia, algumas terão certeza de que essa vacina, assim como tantas outras, não é necessária. Basta ser saudável e tomar vitaminas. Na verdade, "nem morreu tanta gente"...

O CALOR DO MOMENTO

A primeira coisa a dizer é que a ciência básica por trás do mecanismo do aquecimento global – ou mudança climática – é bem simples, direta, nada controversa e está estabelecida desde o século XIX: o dióxido de carbono (CO_2) é um gás que aprisiona calor na superfície terrestre, e a atividade industrial, baseada na queima de combustíveis fósseis (carvão, petróleo, gás), vem aumentando a concentração desse gás na atmosfera nos últimos séculos.

De fato, quando os primeiros alertas sobre a intensificação do efeito estufa surgiram no fim da década de 1970, o debate inicial não tratou da realidade do fenômeno e do que fazer a respeito. Ninguém negava os fatos, mas economistas influentes de então argumentavam que seria melhor (isto é, mais barato) adotar estratégias de adaptação à mudança climática do que investir em leis e tecnologias para tentar evitá-la.

A mudança no tom do discurso que busca aplacar as preocupações com o problema – de "adaptar é mais fácil" para "isso não existe" – foi ocorrendo aos poucos, ao longo da década de 1980, e se estabeleceu como estratégia favorita da indústria do petróleo e de seus prepostos apenas depois da publicação do Segundo Relatório de Avaliação do Painel Intergovernamental para a Mudança Climática (IPCC), da ONU, em 1995.

Para ter uma ideia, durante os debates sobre o texto final do relatório, que ocorreram em novembro daquele ano em Madri, na Espanha, representantes de países produtores de petróleo, agindo em conjunto com lobistas da indústria petrolífera americana, obstruíram as conversações por discordar da seguinte frase: "O balanço das evidências sugere uma influência humana considerável no clima". O impasse só foi resolvido quando o adjetivo "considerável" foi trocado por "perceptível".

Pouco depois, em fevereiro de 1996, a revista *Science* publicou uma carta assinada pelo físico Fred Singer (o "negacionista em série" de quem já tratamos no capítulo sobre cigarro e câncer), pondo em dúvida o rigor científico do trabalho do IPCC e sugerindo que o aquecimento global seria um falso problema. A Terra estaria, na verdade, resfriando ou estável. O climatologista australiano Tom Wigley respondeu a Singer na mesma revista, em março, apontando que as alegações do físico "não têm apoio nos dados".

O efeito estufa acontece porque o CO_2 (e ainda outros gases, como vapor d'água e metano) é transparente para a luz do Sol que entra na atmosfera e vai aquecer o solo e as águas dos oceanos, mas opaco para boa parte da radiação infravermelha que o solo e o mar, uma vez aquecidos, emitem de volta. Assim, o "balanço energético" do planeta Terra – a diferença entre a energia que entra e a que sai – é de superávit, em razão da composição da atmosfera.

Diversas fontes contribuem para o tanto de CO_2 que existe no ar, incluindo erupções vulcânicas, metabolismo de animais e plantas, incêndios naturais causados por secas ou raios e decomposição de matéria orgânica por microrganismos. A vida como a conhecemos só é possível porque há um efeito estufa natural, que existe provavelmente desde a formação da atmosfera terrestre.

Nos últimos séculos, no entanto, uma fonte tem se tornado predominante, injetando na atmosfera muito mais CO_2 do que todas as fontes naturais combinadas: a utilização de combustíveis fósseis na atividade econômica exercida pela espécie humana. Essa injeção extra empurra o sistema climático para fora da "zona de conforto" que permitiu que a humanidade se tornasse a espécie dominante no planeta ao longo dos últimos 20 mil anos, desde o fim da última era glacial.

Fora da zona de conforto, temos o derretimento das calotas polares, a elevação do nível dos oceanos, com a inundação de zonas costeiras – o que inclui cidades como Nova York, Rio de Janeiro, Recife –, e o aumento da frequência de desastres naturais como enchentes, secas, furacões e outras grandes tempestades. O clima mais quente e as mudanças nos oceanos também afetam a ecologia, criando ambientes mais propícios para certas espécies e inóspitos para outras. Mosquitos transmissores de doenças, por exemplo, adoram o calor.

A era da combustão

A queima de matéria orgânica – a combinação química de materiais de origem animal ou vegetal com o oxigênio do ar, produzindo luz, calor e, entre outros subprodutos, o CO_2 – foi provavelmente uma das primeiras tecnologias dominadas pela humanidade. De fato, vestígios do uso de fogo pelo *Homo erectus* na África datam de mais de um milhão de anos. Esses ancestrais do *Homo sapiens* já usavam o fogo integrado a outras tecnologias, como a produção de cerâmica, e sinais de seu uso como auxiliar na produção de ferramentas de pedra lascada têm 300 mil anos.

Os engenheiros da Antiguidade, pelo menos a partir dos séculos finais do Império Romano, já haviam notado que gases aquecidos se expandem, gerando uma pressão que pode ser usada para produzir movimento. Essa descoberta, no entanto, foi aproveitada apenas em truques e brinquedos, como estátuas que derramavam vinho quando se acendia uma pira aos pés da divindade ou portas de templos que se abriam sozinhas, também ao acender de uma pira. O uso do fogo como motor da civilização teve de esperar a Revolução Industrial, mais de mil anos depois. A era dos combustíveis fósseis teve início na Inglaterra no século XVII, em resposta, ironicamente, ao que pode ser considerado uma crise ambiental da época: a escassez de lenha na Grã-Bretanha, causada pela destruição das florestas para produzir madeira para a construção de casas e navios.

Quando as árvores se tornaram raras a ponto de a madeira se mostrar cara demais para queimar, as pessoas se voltaram para o carvão mineral, produzido em minas. Esse carvão é uma rocha sedimentar composta basicamente de carbono mais impurezas, como enxofre ou nitrogênio. O carvão mineral se forma quando a matéria orgânica, principalmente de origem vegetal, fica soterrada por milhões de anos, sofrendo a pressão e o calor do subsolo. Em 2018, o carvão ainda gerava 20% da energia consumida no mundo. Em muitos países, ele é o principal combustível para a geração de eletricidade.

Para atender à demanda crescente na Inglaterra, a partir dos anos 1600, as minas de carvão mineral foram se tornando cada vez mais profundas. Com isso, interceptaram reservatórios subterrâneos naturais de água e acabaram inundadas. Inventores começaram a explorar a ideia de "usar fogo para elevar a água" e, uma vez consolidada, a tecnologia da bomba d'água movida a vapor – que foi se desenvolvendo ao longo dos séculos XVII, XVIII e XIX – estabeleceu um círculo perfeito: a extração de carvão viabilizada por uma máquina que queimava carvão.

Porém, a fumaça do carvão é mais densa e suja que a da madeira e já gerava problemas ambientais graves muito antes de qualquer um ouvir falar em efeito estufa. Em 1661, o rei Charles II da Inglaterra (1630-1685) recebeu uma petição contra a poluição do ar, especialmente a fumaça e a fuligem da queima de carvão, que cobria a cidade de Londres. Em 1775, o médico Percivall Pott (1714-1788) notou a prevalência desproporcional de câncer de escroto entre os limpadores de chaminé da capital inglesa – a classe profissional mais exposta à fuligem de carvão.

Com os sucessivos aperfeiçoamentos das máquinas a vapor empregadas para bombear água para fora das minas, foram surgindo outras aplicações do mesmo princípio – o uso de carvão para ferver água e o aproveitamento da pressão do vapor gerado para produzir trabalho. O primeiro automóvel do mundo, o "Dragão" a vapor de Richard Trevithick (1771-1833), cruzava as ruas de Londres em 1803, e, um ano depois, o mesmo Trevithick faria a primeira locomotiva a vapor percorrer uma estrada de ferro.

Descoberta do efeito estufa

Enquanto a Revolução Industrial prosseguia – literalmente – a pleno vapor, a dedução de que algo na atmosfera terrestre deveria agir para aprisionar o calor no Sol era apresentada pelo físico e matemático francês Jean Baptiste Fourier (1768-1830). Num artigo publicado em 1824, ele escreveu: "A temperatura [da Terra] aumenta pela interposição da atmosfera, porque o calor no estado de luz encontra menos resistência ao penetrar o ar do que ao repassar pelo ar depois de convertido em calor não luminoso".

A primeira demonstração experimental conhecida de que o dióxido de carbono e o vapor d'água são gases que contribuem para esse efeito descrito por Fourier, e que depois viria a ser chamado de "efeito estufa", foi realizada pela pesquisadora e militante feminista norte-americana Eunice Newton Foote (1819-1888), e publicada em 1856. Em seu artigo, intitulado "Circunstâncias que afetam o calor dos raios do Sol", Foote descreve experimentos em que termômetros foram colocados em cilindros de vidro contendo ar úmido, ar seco e ar enriquecido com CO_2. Os termômetros foram calibrados, os recipientes, expostos à luz do Sol e as temperaturas, depois de algum tempo, comparadas. Foote concluiu que "o maior efeito dos raios solares, determinei ser no gás de ácido carbólico", ou seja, no CO_2. E também:

> Uma atmosfera feita desse gás daria à nossa Terra uma temperatura elevada; e se, como algumas pessoas supõem, em algum momento da história, o ar estava misturado a uma quantidade maior [de CO_2] do que no presente, uma maior temperatura (...) deve ter certamente resultado.

O trabalho de Foote foi largamente ignorado em seu tempo – e o machismo de então teve um papel importante nisso –, mas outros estudiosos, em outras partes do mundo, logo chegaram à mesma conclusão. Em 10 de junho de 1859, o físico irlandês

John Tyndall (1820-1893) demonstrou o poder que o dióxido de carbono tem de aquecer a atmosfera diante da principal organização de cientistas da época, a Royal Society de Londres.

Dois anos antes da publicação de Eunice Foote, o químico norte-americano Benjamin Silliman Jr. (1816-1885) havia descoberto que o "óleo de rocha", ou petróleo, um líquido espesso, inflamável e até então considerado de pouco valor em comparação ao carvão ou ao óleo de baleia, poderia ser "craqueado", isto é, separado em diferentes componentes, cada um com qualidades e propriedades especiais. Os primeiros subprodutos aproveitados foram os usados em iluminação, como solventes ou na indústria química, mas não demoraram a surgir tecnologias que aproveitavam também outras frações do petróleo, como a gasolina (palavra usada pela primeira vez em 1863), o querosene ou o diesel, para fazer o mesmo trabalho que o carvão: aquecer ambientes, mover máquinas e veículos.

A ciência necessária para compreender e prever o aquecimento global, assim como a ciência que viria a agravá-lo já estavam, ambas, bem fundamentadas 120 anos antes de a sociedade acordar para o fato de que isso poderia ser um problema.

Alerta

No caso do aquecimento global causado por atividade humana, é verdade que, pelo menos até os anos 1970, alguns cientistas especulavam se o efeito não seria autolimitante: talvez outras formas de poluição emitidas junto com o CO_2, como a fuligem, fizessem "sombra" na Terra e reduzissem a radiação solar incidente (o mesmo princípio, ainda que numa escala bem menos dramática, do inverno nuclear). Ou talvez o aumento na evaporação de água produzisse mais nuvens, e essas nuvens, sendo brancas, refletissem a luz do Sol de volta ao espaço. Ou ainda, talvez todo o calor que o CO_2 era capaz de absorver já estivesse absorvido – atingindo uma espécie de ponto de saturação; logo, qualquer excesso de gás carbônico seria inócuo.

Contra essas objeções, em 1938, o engenheiro e inventor inglês Guy Stewart Callendar (1898-1964) levantou dados que sugeriam que o aquecimento global já estava em andamento. Ele encontrou uma correlação entre um aumento de 10% da concentração de CO_2 na atmosfera terrestre ao longo do século XIX e a elevação da temperatura no mesmo período. Callendar acreditava, no entanto, que o aquecimento seria lento, gradual e, em longa medida, benéfico.

O verdadeiro grande alerta veio em 1979, quando um comitê da Academia Nacional de Ciências (NAS) dos Estados Unidos conduziu uma ampla revisão dos estudos e dados até então disponíveis sobre CO_2 e clima e concluiu que "se o dióxido de carbono continuar a aumentar, não vemos motivo para duvidar de que o resultado será mudança climática, e nenhum motivo para presumir que essa mudança será desprezível".

Dada a matriz energética da civilização humana, baseada em combustão – nos países desenvolvidos, combustíveis fósseis são usados não só para mover veículos, como carros, trens e aviões, mas também para gerar eletricidade e manter ambientes aquecidos nos meses do inverno, que em altas latitudes são rigorosos –, reduzir emissões de carbono implica desacelerar a economia ou investir em fontes alternativas. Na época, ainda havia muitas incertezas legítimas sobre a velocidade e a intensidade da mudança climática esperada. Mesmo assim, o prefácio do relatório da NAS advertia que "uma política de esperar para ver pode significar esperar demais".

O relatório deixava a bola no campo dos políticos e economistas, e um comitê encabeçado pelo Nobel de Economia Thomas Schelling (1921-2016) preparou uma carta ao governo dos Estados Unidos, divulgada no início de 1980, afirmando que não era preciso fazer nada – o preço do petróleo deveria subir naturalmente no futuro, por conta de mecanismos normais de mercado, o que levaria a uma redução espontânea das emissões de carbono. Além disso, a humanidade poderia se adaptar, por exemplo, com a migração das populações afetadas para novos territórios.

Os economistas muitas vezes são caricaturados como tecnocratas insensíveis, incapazes, num nível que beira a psicopatia, de perceber os efeitos que suas ideias têm ou terão sobre a vida real de trabalhadores e cidadãos. A caricatura é injusta, mas é difícil que ela não venha à mente ao observar o modo *blasé* com que Schelling e outros que seguiram sua linha, como o físico William Nierenberg (1919-2000), escreveram sobre a futura necessidade de migrações em massa – como se o deslocamento de populações

A primeira onda de negacionismo do aquecimento global não negava os fatos da ciência – de que o CO_2 vinha se acumulando na atmosfera em consequência da atividade econômica da espécie humana e de que esse acúmulo representava um risco concreto de alteração do clima da Terra. Ela negava que fosse possível, ou desejável, fazer alguma coisa a respeito.

inteiras, depois de suas terras terem se tornado inabitáveis por causa de secas, enchentes ou elevação do nível do mar, fosse um piquenique, uma vírgula numa planilha, e não uma tragédia com repercussões globais.

A primeira onda de negacionismo do aquecimento global, portanto, não negava os fatos da ciência – de que o CO_2 vinha se acumulando na atmosfera em consequência da atividade econômica da espécie humana e de que esse acúmulo representava um risco concreto de alteração do clima da Terra. Ela negava que fosse possível, ou desejável, fazer alguma coisa a respeito: o "mercado" cuidaria de criar o melhor desfecho possível no melhor de todos os mundos possíveis quando a hora certa chegasse.

Os fundamentalistas

A face mais dura (e lunática) do negacionismo climático – a negação do fenômeno em si, dos fatos e das evidências que mostram que a anomalia climática atual tem como principal causa a ação humana – surge com a aliança da indústria petrolífera com cientistas e *think tanks* que podem ser descritos como "fundamentalistas da Guerra Fria": pessoas e grupos ideologicamente convictos de que qualquer freio ao desenvolvimento industrial dos Estados Unidos ou qualquer interferência do governo nas escolhas pessoais dos cidadãos seria "fazer o jogo" dos comunistas.

O físico Fred Singer era uma dessas figuras. Envolvido desde a década de 1940 em programas de desenvolvimento de tecnologia militar (e, depois, no programa espacial), ele se tornou uma figura respeitada tanto no meio científico quanto – o que viria a ser mais importante no contexto do aquecimento global – entre militares e políticos conservadores. Seu forte compromisso ideológico com uma visão peculiar de capitalismo, em que a solução para os problemas criados por empresas e tecnologias são sempre mais bem resolvidos por empresas e tecnologias, e em que qualquer interferência do Estado é automaticamente diagnosticada como ameaça às liberdades individuais, já o havia levado a atacar a ciência que está por trás dos riscos do fumo passivo; daí para questionar a integridade da ciência do aquecimento global seria só mais um pequeno passo.

Seguindo o manual de instruções deixado pelos fabricantes de cigarro, a indústria do petróleo passou a patrocinar organizações conservadoras que, por princípio, se opunham a qualquer tipo de regulamentação da economia e que investiram na produção de *astroturf*, isto é, grupos que aparentam ser fruto da iniciativa espontânea de cidadãos preocupados, mas, na verdade, não passam de fachada para os serviços de propaganda e relações públicas de seus patrocinadores.

Cientistas também foram cooptados com ofertas de financiamento. O climatologista Patrick Michaels aceitou editar uma revista, supostamente sobre a "ciência" da mudança climática, para um grupo chamado Greening Earth Society (algo como Sociedade para uma Terra Verdejante). O nome sugeria mais uma ONG ambientalista, mas, na verdade, tratava-se de fachada para uma associação de produtores de carvão. A revista, chamada *World Climate Report*, continha basicamente ataques a resultados científicos que apontavam a realidade do aquecimento global antropogênico. Michaels também atuou como "pesquisador sênior de estudos ambientais" no Instituto Cato, um *think tank* libertário, isto é, de defesa de um capitalismo baseado em um mercado completamente livre e desregulamentado. Num artigo escrito para essa instituição, Michaels se referiu ao sistema *cap-and-trade* de emissões de carbono – pelo qual empresas teriam um limite (*cap*) para suas emissões e, caso emitissem a mais, teriam de comprar (*trade*) permissões de empresas que estivessem emitindo abaixo da cota máxima – como "Obamunismo", uma mistura entre o nome do então presidente norte-americano Barack Obama e a palavra "comunismo".

Outra organização tradicional da direita norte-americana que se adaptou muito bem às demandas (e ao negócio) do negacionismo climático foi o Instituto Heartland, que teve um momento de fama no Brasil quando a imprensa brasileira noticiou, em julho de 2019, que o Ministério das Relações Exteriores havia enviado representantes a um evento sobre mudança climática conduzido pelo grupo.

Na década de 1990, o Heartland havia prestado serviços (remunerados) para a fabricante de cigarros Philip Morris, a fim de influenciar a opinião pública na questão do fumo passivo. Em 2008, o instituto patrocinou uma conferência sobre aquecimento global em Nova York, reunindo expositores convictos de que a ciência a respeito do assunto é uma farsa.

A ciência

Afinal, o que a ciência realmente sabe sobre mudança climática? Existem três linhas de evidências a respeito. A primeira é a da ciência fundamental – de que o carbono presente na atmosfera captura energia solar, que, como vimos, está bem estabelecida desde o século XIX.

A segunda evidência é a de que a temperatura média global realmente vem aumentando ao longo da história, e de modo comensurável com a concentração de CO_2 na atmosfera. Sobre isso, há dados claros e diretos – com medições de termômetro feitas em várias partes do mundo, na terra e nos oceanos (e não só em "ilhas de calor" urbanas, como dizem alguns negacionistas) – de mais de cem anos, e dados indiretos – vestígios da atmosfera do passado presos em bolhas de ar de geleiras, anéis de crescimento de árvores, registros geológicos – de milhares e até milhões de anos. Um estudo publicado em 2016 na revista *Nature*, com uma reconstituição da temperatura média global dos últimos dois milhões de anos, mostra que as temperaturas atuais são as maiores dos últimos 120 mil anos. Diversos estudos mostram que as curvas de temperatura e de concentração atmosférica de CO_2 caminham juntas ao longo de centenas de milhares de anos. Como diz o Centro Nacional de Informações Ambientais dos Estados Unidos, "quando a concentração de dióxido de carbono sobe, as temperaturas sobem. Quando as concentrações de dióxido de carbono caem, as temperaturas caem". Esse padrão é visto ao longo de toda a história da Terra. Em 2 de novembro de 2020, a concentração de CO_2 na atmosfera terrestre era de 411,5 partes por milhão (ppm). Concentrações próximas a essa (da ordem de 300 ppm) só foram encontradas em registros de cerca de 300 mil anos atrás. As concentrações atuais são, de fato, as maiores dos últimos 800 mil anos.

A terceira evidência é a de que as temperaturas recordes do presente têm como causa principal as concentrações de carbono, também recordes, do presente. O clima terrestre, afinal, responde a uma série de fatores, chamados pelos cientistas de "forçantes". Pequenas variações na órbita da Terra, erupções vulcânicas, flutuações na produção de energia do Sol, presença de outros gases (como vapor d'água ou metano) na atmosfera são todas forçantes climáticas.

Os efeitos do CO_2 nas temperaturas globais podem, em tese, ser atenuados por forçantes negativas, como a presença de fuligem ou partículas vulcânicas na atmosfera (fazendo "sombra" no planeta) ou uma redução da quantidade de energia do Sol que chega até nós, mas também podem ser amplificados, caso essas e outras forçantes mudem de sinal (menos fuligem, mais atividade solar). O clima responde à somatória de todas as forçantes, positivas ou negativas.

Entre os negacionistas que já desistiram de brigar com os dados sobre elevação de temperatura, perpetua-se o discurso de que não é possível atribuir o aquecimento visto no presente, especificamente, às concentrações atmosféricas de dióxido de carbono. Eles apontam para as demais forçantes como responsáveis. Se essa alegação estivesse correta, reduzir as emissões de CO_2 seria inútil.

Desde meados da década de 1990, no entanto, existem modelos climáticos que mostram que o CO_2 é a principal forçante em ação no cenário atual. De fato, um modelo desenvolvido pelo pesquisador da Nasa James Hansen no fim dos anos 1980 previu, com sucesso, o ritmo do aquecimento observado ao longo da década seguinte – e só foi capaz de fazer isso integrando os números crescentes do CO_2.

Os modelos mais modernos mostram que o aquecimento visto no século passado foi causado pelo dióxido de carbono. Quando o excesso de CO_2 introduzido na atmosfera pela atividade humana é excluído da equação, os mesmos modelos se tornam incapazes de reproduzir os dados disponíveis. As demais forçantes, junto com a variabilidade natural do CO_2, dão conta de explicar o clima dos últimos mil anos, mas nenhuma delas é capaz de tratar adequadamente das últimas décadas. Já o CO_2 exalado pela civilização industrial explica o que tem acontecido, sem a necessidade de agregar forçantes extras, conhecidas ou não.

Dá para concluir a mesma coisa sem apelar para modelos matemáticos complexos, aplicando apenas um processo simples de eliminação: a única forçante que tem sofrido aumento significativo, acompanhando a elevação da temperatura, é a concentração atmosférica de CO_2. A produção de energia no Sol, por exemplo, vem passando por um período de queda nas últimas décadas, depois de um breve pico nos anos 1960. De fato, as curvas de temperatura global e irradiância solar (o tanto de energia do Sol que chega a cada metro quadrado da superfície da Terra) divergem a partir dos anos 1980: a de temperatura aponta para cima e a de irradiância, para baixo.

Os negacionistas às vezes confundem – por malícia ou ignorância – os conceitos de "tempo" (se está ou não chovendo, se agora faz frio ou não) e "clima" (a média das condições do tempo ao longo de décadas, revelando tendências e características mais estáveis e de longo prazo).

"Como", perguntam, "os modelos dos cientistas podem afirmar que o mundo estará mais quente daqui a 50 anos, se são incapazes de dizer se na semana que vem vai chover ou fazer sol?". Isso é como perguntar, "como podemos saber que o verão será mais quente do que o inverno, se não sabemos se quinta-feira da semana que vem vai ser mais quente do que quarta?".

A guerra

A negação do aquecimento global se ergueu sobre a infraestrutura construída pela indústria do tabaco para proteger seus produtos, mas acabou adotando ferramentas mais radicais.

Se as fábricas de cigarro estavam mais interessadas em semear confusão sobre a ciência, patrocinando estudos sobre as causas genéticas ou as eventuais "causas psicológicas" do câncer de pulmão, por exemplo, a dinâmica entre a indústria do petróleo, os *think tanks* de direita e o novo universo da internet (que deixou de ser uma rede exclusivamente militar e acadêmica e se abriu para o público em geral nos anos 1990) produziu uma estratégia de confronto direto com o conhecimento científico, não para confundir, mas para efetivamente negar a ciência, alimentada e impulsionada pela disseminação de teorias de conspiração.

A consolidação do consenso científico no IPCC provavelmente tornou a radicalização da estratégia inevitável. Os ataques de Fred Sanger ao relatório de 1995 – que puseram em dúvida, além dos dados apresentados, a idoneidade do processo de elaboração do texto final – foram amplificados na imprensa conservadora e deram a largada ao esforço de lançar descrédito sobre a corrente principal da ciência climática. Em 1998, começou a circular a chamada "Petição do Oregon", que seria um abaixo-assinado de mais de 30 mil cientistas que contestavam a realidade da mudança climática. Um levantamento das assinaturas descobriu, além de diversos profissionais que só com uma boa dose de generosidade poderiam ser considerados "cientistas" – médicos e engenheiros, por exemplo –, o nome de uma das Spice Girls, de pessoas mortas e personagens de filmes, livros, cinema e séries de TV.

Em 2003, Fred Sanger iniciou a articulação de um Painel Internacional Não Governamental para Mudança Climática (NIPCC), que, em 2008, publicou uma "resposta" ao quarto relatório do IPCC, lançado em 2007. Especialistas da Nasa e das universidades Stanford e Princeton consideraram o trabalho uma série de "bobagens inventadas", segundo a rede de TV americana ABC. O NIPCC é mantido pelo Instituto Heartland.

Uma estratégia comum do negacionismo climático é a de pôr em foco fragmentos específicos da evidência, ignorando contextos e séries históricas completas. Um exemplo é a propalada "pausa do aquecimento global" que teria ocorrido entre 1998 e 2013. Em 1998, o El Niño – um fenômeno climático natural que provoca o aquecimento da superfície das águas de parte do Oceano Pacífico – foi muito intenso, o que fez com que o ano fosse excepcionalmente quente. O impacto do El Niño se somou ao do excesso de CO_2 na atmosfera. Com isso, os anos seguintes foram de temperaturas mais amenas, em comparação.

Um recorte da série histórica focado nesse período específico pode sugerir que o aquecimento global não existe, mas a série completa mostra uma tendência secular de elevação contínua das temperaturas: os dez anos mais quentes já registrados desde o fim do século XIX ocorreram, todos, depois de 2000, superando em muito o recorde de 1998, e apenas um deles (2015, terceiro lugar) contou com a "ajuda" de um El Niño excepcional.

Outro exemplo dessa tática de tentar desacreditar o todo apontando, de modo seletivo e enviesado, para uma das partes é o trabalho do meteorologista e blogueiro Anthony Watts, que coleciona fotos de estações meteorológicas norte-americanas supostamente mal posicionadas (localizadas em ilhas de calor urbanas, por exemplo) para argumentar que o registro das temperaturas dos Estados Unidos é enviesado. O que Watts não fez – numa curiosa omissão – foi comparar os registros de temperatura com e sem os dados dessas estações "desastradas" para ver se fazem mesmo alguma diferença. Pesquisadores da Administração Nacional de Atmosfera e Oceano norte-americana fizeram o cálculo e não encontraram diferença: o efeito das estações denunciadas por Watts é desprezível e cai dentro das margens de erro.

A ideia de conspiração

O IPCC foi criado em 1988 por uma iniciativa conjunta da Organização Meteorológica Mundial e do Programa das Nações Unidas para o Meio Ambiente. Desde 1990, lança relatórios – em média, dois por década – sobre o que diz a ciência a respeito da mudança climática. Esses relatórios não produzem ciência, mas revisam e avaliam todos os estudos publicados sobre o assunto, suas bases e conclusões.

Pode-se imaginar o trabalho do IPCC como uma amplificação, em escala global, do procedimento científico da "revisão pelos pares", ou *peer review*. Sempre que um cientista acredita ter feito uma descoberta ou atingido um resultado relevante, ele submete seu trabalho a esse processo, no qual outros especialistas da mesma área vão analisar criticamente o estudo feito, apontar erros e pedir esclarecimentos. O que o IPCC faz, em essência, é submeter toda a produção científica sobre mudança climática a uma nova rodada de revisão pelos pares e, a partir daí, ver que conclusões podem ser tiradas.

Os relatórios do painel são divididos em capítulos que tratam das diversas subáreas de estudo envolvidas na compreensão do clima. Um capítulo isolado pode ter mais de uma centena de páginas, e cada capítulo é de responsabilidade de um grupo de cerca de uma dezena de cientistas que atuam como autores e editores e que contam com a colaboração e os comentários de dezenas de outros. Trata-se de um esforço coletivo, global e aberto. Ao longo de sua elaboração, o próprio relatório é submetido a seguidas rodadas de revisão pelos pares.

Os ataques ao trabalho do IPCC são a tentativa de construir um discurso de que a maioria absoluta dos maiores especialistas do mundo num determinado assunto, nesse caso, o clima da Terra – milhares de profissionais, espalhados por diversos países –, estariam, todos, mancomunados numa grande mentira. E não só eles: também os editores das grandes revistas científicas e das agências que financiam pesquisas.

Nunca ficou muito claro que objetivo se alega estar por trás dessa suposta grande fraude climática, mas entre as alternativas muitas vezes citadas aparecem a busca por mais verbas de pesquisa, ódio ideológico ao capitalismo, complexo messiânico ou uma grande conspiração para estabelecer um governo global e uma "nova ordem mundial".

Incapazes de atacar a substância dos relatórios, seus detratores tendem a usar redes sociais e contatos na mídia para tentar exacerbar problemas menores – às vezes, meros erros tipográficos perdidos num oceano de milhares de páginas, como a previsão do ano em que pode não haver mais geleiras do Himalaia, 2350, que no relatório de 2007 saiu "2035".

Climategate

Como vimos, o segundo relatório do IPCC, publicado em 1995, apontava uma "influência humana considerável no clima" (o adjetivo "considerável" acabou trocado por "perceptível", por obra e graça de pressões políticas de países produtores de petróleo). O relatório seguinte, de 2001, trazia em destaque o famoso "gráfico do taco de hóquei", que mostrava que a temperatura das décadas finais do século XX haviam sido as mais elevadas do último milênio. O quarto relatório, de 2007, foi ainda mais contundente: "A maior parte da elevação observada nas temperaturas médias globais desde meados do século XX", afirma o relatório, "é muito provavelmente causada pela elevação observada nas concentrações de gases do efeito estufa antropogênicos", isto é, produzidos pela atividade humana.

Após a publicação do quarto relatório, a estratégia de ataques pessoais e a tentativa de assassinato de reputação de cientistas individuais assumiram um papel central na estratégia negacionista. Ataques desse tipo, especialmente contra Benjamin Santer, um dos principais autores do relatório do IPCC de 1995, e Michael Mann, um dos responsáveis pela reconstituição do clima de séculos passados que havia gerado o gráfico do "taco de hóquei" em 1998, já vinham acontecendo havia tempos, mas quase sempre de modo quase velado – mais insinuações do que acusações diretas.

O ano de 2009, no entanto, assistiu ao lançamento de campanhas de intimidação pública, de artigos na imprensa acusando diretamente os cientistas de fraude e de ondas de *hate mail* (mensagens pessoais contendo linguagem abusiva ou ameaças).

Nenhum pesquisador que ousasse publicar um estudo de destaque confirmando a realidade do aquecimento global estava imune: Darrell Kaufman, autor de um artigo na *Science* sobre aquecimento do Ártico, conta, num texto de opinião publicado no jornal *Arizona Republic*, que ficou chocado "pelas reações violentas, incluindo genuíno *hate mail*". Eric Steig, autor de um trabalho publicado na *Nature* sobre o aquecimento da Antártica, virou alvo de postagens de *blog* com títulos como "Eric Steig está nu".

O auge da campanha de difamação veio no fim do ano. O escândalo fabricado que ficou conhecido como *Climategate* (ou, na imprensa brasileira, "Climagate") foi desencadeado na segunda quinzena de novembro de 2009, quando inúmeros *e-mails* trocados entre cientistas da Unidade de Pesquisa Climática da Universidade de East Anglia, no Reino Unido, e colegas de diversas partes do mundo foram publicados em uma série de plataformas *on-line*, incluindo o WikiLeaks.

Os *e-mails* haviam sido copiados meses antes dos servidores da universidade, mas a divulgação foi programada para coincidir com as discussões preparatórias da Conferência de Copenhague sobre Mudança Climática, que ocorreu na capital dinamarquesa entre 7 e 18 de dezembro daquele ano.

Blogs negacionistas, políticos ligados à indústria do petróleo e mesmo alguns cientistas passaram a usar trechos pinçados dos *e-mails* privados para promover a versão de que a ciência do aquecimento global seria, sim, uma farsa, um "crime contra a humanidade" cometido pela comunidade científica.

O uso da palavra "truque" num *e-mail*, por exemplo, foi distorcido para promover a ideia de que os dados que mostravam a realidade da mudança climática eram manipulados de forma desonesta. Os cientistas tiveram de se desdobrar para explicar que "truque", naquele contexto específico, significava "técnica" que ajuda a resolver um problema. Nesse sentido, contar nos dedos é um "truque" para resolver uma conta de subtração, por exemplo.

A autoria do *hacking* nunca foi determinada, mas investigações detectaram o uso de servidores baseados na Arábia Saudita, na Turquia e nos Estados Unidos. O principal negociador saudita enviado a Copenhague, Mohammed Al-Sabban, chegou a afirmar que os *e-mails* vazados mostravam que "não existe relação nenhuma entre a atividade humana e a mudança climática".

Em contraste com a impunidade dos *hackers* responsáveis pelo vazamento, os cientistas cujos *e-mails* foram violados se viram alvo de diversas investigações conduzidas pelas universidades e pelos institutos de pesquisa que os empregavam e também por órgãos públicos como o Comitê de Ciência e Tecnologia da Câmara dos Comuns do Parlamento Britânico, a Agência de Proteção Ambiental (EPA) e a Fundação Nacional de Ciência dos Estados Unidos. Todas as apurações concluíram pela inocência dos cientistas e, mais importante até, pela solidez dos resultados que indicam que o aquecimento global está em curso e é causado pelas emissões de CO_2 produzidas pela atividade humana.

A conclusão da EPA, publicada numa tabela de "fatos e mitos" sobre aquecimento global, resume bem os resultados de todas essas investigações:

> Os *e-mails* da Unidade de Pesquisa Climática não mostram nem que a ciência está errada nem que o processo científico tenha sido comprometido. A EPA revisou com cuidado os *e-mails* e não encontrou indicação nenhuma de manipulação indevida de dados ou falsificação de resultados.

Imprensa

Essas apurações, no entanto, levaram meses para se completar. Nesse meio-tempo, o movimento negacionista usou da confusão e das acusações sem base para ganhar visibilidade social e espaço nos meios de comunicação. Mesmo após os resultados oficiais, o espantalho do "Climagate" continuou a ser uma bandeira dos negacionistas, legitimada, perante a opinião pública, por uma grave complacência midiática.

No Brasil, por exemplo, o erro de digitação do relatório do IPCC de 2007 sobre as geleiras do Himalaia ("2035" em vez de "2350") foi tratado pelo jornal *O Estado de S.Paulo* como "escândalo" na esteira do vazamento dos *e-mails*, em texto publicado em 2011. Em dezembro de 2009, a *Folha de S.Paulo* abria espaço, em sua página de opinião, para um artigo negacionista calcado no vazamento, todo construído em torno de falácias e erros que já haviam sido exaustivamente desmentidos na época ("a Terra está esfriando e se aproxima de uma nova era glacial", por exemplo), com o título "Fraude e falsidade".

Os mesmos vícios da imprensa – o "outroladismo" irrefletido, a incapacidade de distinguir entre controvérsia real e "polêmica" fabricada, a busca por uma "posição equilibrada entre os extremos", mesmo quando um dos "extremos" envolvidos está claramente errado – que já haviam sido explorados à exaustão pela indústria do tabaco entraram em campo, reforçados pela afinidade natural da imprensa com escândalos e por seu apetite por vazamento de material confidencial.

Se a missão maior do jornalismo é manter o público bem informado, a cobertura do *Climategate* foi um fracasso estrondoso. A série histórica de uma pesquisa de opinião pública sobre mudança climática conduzida periodicamente pela Universidade Yale mostra que, em novembro de 2009, 71% dos norte-americanos aceitavam a realidade do aquecimento global e 10% a negavam. Em janeiro de 2010, essas taxas haviam se alterado para 57% e 20%, respectivamente. A proporção de negacionistas na população simplesmente dobrou em dois meses. A ciência não havia mudado; o que mudou nesse meio-tempo foi a atitude da mídia. A taxa de negação retornou ao mínimo de 10% apenas em abril de 2020.

OS GENES DE QUEM?

Os transgênicos disponíveis atualmente no mercado – tanto para consumo humano quanto animal – são seguros para a saúde. De fato, nenhuma outra tecnologia usada em produção de alimentos é submetida a tantos testes, verificações, checagens e rechecagens quanto os transgênicos. Nas décadas que se seguiram à introdução das primeiras variedades de alimentos geneticamente modificados, vários bilhões de refeições baseadas em transgênicos já foram servidas, sem que nenhum efeito adverso à saúde do consumidor jamais tenha sido detectado. O mesmo vale para a ração animal.

Também não há nada intrínseco à tecnologia de modificação genética que torne seus produtos mais danosos ou perigosos para o meio ambiente do que as variedades "naturais" usadas na agricultura pré-transgenia. A prática agrícola traz grandes desafios ambientais, é verdade – do risco ecológico das monoculturas à possibilidade de contaminação das águas e exaustão do solo –, mas nenhum desses perigos é específico dos transgênicos ou amplificado por eles.

A despeito disso, um forte movimento negacionista luta para minimizar os benefícios dessa tecnologia e criar espantalhos sobre riscos inexistentes ou compartilhados com outras formas de agricultura. A Europa, até hoje, faz restrições duríssimas a transgênicos e, no Brasil, a aprovação de alimentos geneticamente modificados costuma ser acompanhada de intensas batalhas políticas.

Tradicionalmente, a rejeição aos transgênicos costuma vir de organizações não governamentais (ONGs) à esquerda no espectro político, que se valem de uma espécie de "versão no espelho" do apelo à incerteza, tão caro às grandes corporações que lutaram contra as restrições ao tabaco e, ainda hoje, tentam impedir a ação para conter o aquecimento global. Enquanto as empresas de cigarro e petróleo insistiam que, na ausência de uma certeza absoluta de perigo, nada deveria ser feito contra seus produtos, as ONGs antitransgênicos insistem que, na ausência de uma certeza absoluta de segurança, nada deve ser autorizado.

Em tempos recentes, grupos de direita envolvidos em teorias da conspiração também passaram a questionar o uso de transgênicos. Nesse caso, como parte de uma visão paranoica em que governos, mídia e grandes empresas estariam mancomunados para "esconder a verdade" e estabelecer uma tirania global.

Nos dois lados do espectro político, a rejeição aos transgênicos inclui, implícita ou explicitamente, a chamada "falácia naturalista", a impressão de que o que vem diretamente da natureza é sempre melhor do que aquilo que passa por mãos humanas, que os produtos da natureza são sempre superiores e suficientes para a saúde e o bem-estar humano. A ideia é obviamente inválida: microrganismos causadores de doenças são perfeitamente naturais, por exemplo, e a maior parte dos venenos conhecidos tem sua origem em plantas que ocorrem na natureza.

A biotecnologia de alimentos é provavelmente a área da ciência que mais sofre distorções em sua apresentação ao público, recheada de argumentos negacionistas. Desde a falácia do "natural é melhor" até a identificação quase imediata dos alimentos transgênicos com injustiça social, lucro indevido de grandes multinacionais do agronegócio e danos à saúde, o transgênico vira quase sinônimo de algo que não é saudável, tão perigoso que precisa ser identificado nos alimentos com um "T" estilizado, como nos avisos de risco radioativo, para que o consumidor possa se proteger.

Se, por um lado, o medo do desconhecido é compreensível, por outro, no caso das técnicas de transgenia, o temor é muito seletivo. Ele não aparece quando as mesmas técnicas são usadas para produzir medicamentos como insulina, hormônio de crescimento ou mesmo vacinas. No caso das vacinas para Covid-19, chamou atenção o silêncio dos grupos antibiotecnologia, já que muitas das vacinas contra o SARS-Cov-2 utilizam modificação genética. A aprovação da vacina Oxford/AstraZeneca pela Comissão Técnica Nacional de Biotecnologia (CTNBio), órgão do governo federal encarregado de liberar o uso de organismos geneticamente modificados no Brasil, passou completamente despercebida. Se fosse uma variedade de milho ou de feijão, em vez de um vírus, teria havido passeatas. A Campanha Brasil Livre de Transgênicos, que surgiu no final do século XX, continua mobilizada.

Diferentemente do negacionismo climático, que é motivado por interesses econômicos e paixões políticas, ou do negacionismo de vacinas, que tem um forte componente comercial, estimulado por empresas que vendem produtos que também apelam para a falácia do natural, o negacionismo de transgênicos é alimentado por um desconhecimento técnico marcante. Embora existam estudos indicando uma maior prevalência da rejeição aos transgênicos entre as classes mais letradas, apontando que o negacionismo é fruto também de interesses políticos e econômicos, e não de desinformação, outros trabalhos sugerem fortemente que a falta de conhecimento específico sobre a técnica de transgenia – o que ela representa e como é usada – cumpre um papel importante.

Nesse caso, parece que um pouco de conhecimento pode ser pior do que nenhum. Reconhecer a importância do chamado "dogma central" da biologia, ou seja, saber que a informação genética, geralmente em forma de DNA, é transcrita em uma molécula de RNA, que, por sua vez, é traduzida em uma proteína, e que isso compõe a estrutura básica de todos os seres vivos conhecidos, mas não compreender detalhes do processo pode ser a principal causa do medo de qualquer coisa que "altere" essa cadeia, mais ainda quando vamos nos alimentar dessa "alteração". A alimentação em si já é outro campo cheio de mitos; então, a modificação genética de alimentos acaba sendo realmente uma bomba de negacionismo. Já utilizamos essas técnicas há mais de 20 anos, e, mesmo assim, pesquisas como as realizadas por PewResearch e National Science Foundation (Estados Unidos) e DataFolha (Brasil) mostram uma enorme rejeição ao consumo de alimentos geneticamente modificados.

Medo de modificação genética

O medo do desconhecido é normal, e esperado, mas será só isso? Afinal, tecnologias de celular 5G também são desconhecidas para a maioria das pessoas, mas ninguém – ou quase ninguém – deixa de usar celular por esse motivo.

No caso dos transgênicos, o medo parece vir de uma intuição moral e/ou religiosa muito comum, que faz com que modificar o DNA, a molécula fundamental da vida, pareça-se com "brincar de deus", ou uma tentativa de competir com as forças da natureza. Milênios de mitologia e folclore, e pelo menos 200 anos de ficção científica (a primeira edição do romance *Frankenstein* é de 1818), acostumaram-nos à ideia de que, toda vez que a humanidade tenta interferir nas leis naturais, um castigo logo se segue. A maioria das pessoas talvez não pense explicitamente dessa forma, mas o desconforto intuitivo provocado pela "arrogância diante da natureza" permeia toda a cultura.

O psicólogo e pesquisador norte-americano Jonathan Haidt construiu uma hipótese, chamada de "fundações da moralidade", sobre a origem das intuições morais humanas e o porquê de elas variarem entre culturas e ideologias. Em seu livro *A mente moralista*, Haidt sugere que seis valores definem a noção de moralidade de cada pessoa: cuidado, justiça, liberdade, lealdade, autoridade e pureza. Diferentes grupos sociais (ou mesmo indivíduos) dão diferentes pesos a cada um desses valores, e a combinação desses pesos define a visão de cada um para certo e errado, tolerável e inaceitável. Perfis mais conservadores dariam mais peso a "autoridade" e "pureza"; os mais liberais, a "cuidado" e "liberdade", e assim por diante.

Os transgênicos ou, de modo mais geral, os organismos geneticamente modificados (OGMs) perturbam quem dá grande peso aos valores de pureza e justiça. De pureza, porque a transferência de material genético entre espécies – por exemplo, a introdução de um gene de bactéria numa planta – é vista como uma forma de "sujar" ou "violar" a essência natural da planta. Essa narrativa apela tanto ao ambientalista preocupado com a sacralidade da natureza quanto ao supremacista branco preocupado em preservar a pureza da raça, do solo e do sangue e a inviolabilidade da pátria. De justiça, porque se acredita que os OGMs prejudicam o pequeno agricultor e favorecem grandes corporações que visam somente ao lucro.

O problema é que ambas as premissas estão erradas. A ideia de "essência natural" não se aplica a alimentos, e o problema social não é causado pela tecnologia. Nem é verdade que a tecnologia da modificação genética sirva exclusivamente aos interesses das grandes empresas.

Os OGMs sofreram por décadas com *marketing* negativo de ONGs que os associavam a termos como *Frankenfood* ("alimento Frankenstein"), como se toda alimentação anterior à biotecnologia moderna fosse "pura" e natural, intocada por mãos humanas – dádivas divinas, como os frutos do Jardim do Éden (onde, é bom lembrar, o único alimento proibido era o "fruto da árvore do conhecimento").

Uma vez, em uma roda de amigos, ouvimos algo que resume com perfeição o caso. Um amigo com quem debatíamos sobre a segurança e a importância da modificação genética disse: "Sim, entendo tudo isso, e até acho que vocês têm razão, mas, sabe, para mim, quanto menos mexer, melhor!". Esse é o ponto. Faz sentido, não? Quanto menos mexer, quanto menos interferir na natureza, melhor.

O engraçado é que, se tivéssemos pensado assim há dez mil anos, quando começamos a domesticar plantas, não teríamos desenvolvido a agricultura nem, possivelmente, a sociedade moderna. Talvez nossos antepassados não tivessem ainda sedimentado as fundações da moralidade, ou talvez, o mais provável, só estivessem com fome.

Agricultura

A falácia do natural e o argumento de que quanto menos mexer, melhor caem por terra com um pouquinho de história da agricultura.

Um dia, fomos coletores-caçadores nômades. Nessa época, há mais de dez mil anos, vivíamos literalmente do que a terra dava. Tudo o que consumíamos poderia ser classificado como fruto da natureza: puros produtos da evolução, desenvolvidos pelo acaso e pela seleção natural, sem interferência humana. Nosso consumo de calorias e nutrientes era precário, a expectativa de vida, muito menor, e muitos de nós provavelmente morriam de fome e desnutrição antes mesmo da puberdade.

Não se sabe exatamente como e quando começamos a domesticar plantas e animais, mas, certamente, quase nada do que consumimos hoje pode ser considerado silvestre – puros frutos da seleção natural. Nenhuma das nossas principais culturas (arroz, milho, soja, trigo, algodão) cresce livremente na natureza ou

Quase nada do que consumimos hoje pode ser considerado silvestre – puros frutos da seleção natural. Nenhuma das nossas principais culturas (arroz, milho, soja, trigo, algodão) cresce livremente na natureza ou é capaz de sobreviver sem a interferência humana.

é capaz de sobreviver sem a interferência humana. A alimentação da maior parte da humanidade, hoje, é toda feita de plantas domesticadas, dependentes do cultivo humano.

Como começamos a interferir? Provavelmente, ao selecionarmos sementes e plantas de maneira inconsciente e espontânea. A seleção natural favorece plantas capazes de deixar muitos descendentes, não importa como – sementes venenosas, muito duras ou indigestas, que não se deixam devorar antes de ter tempo de cair no chão e germinar, podem ser uma estratégia útil, por exemplo. Já seres humanos preferem plantas sem veneno, com partes nutritivas volumosas, fáceis de colher e de replantar.

Milhares de anos atrás, nossos antepassados resolveram colaborar ativamente com a reprodução das plantas que mais lhes agradavam e descartar as demais. Esse processo se chama seleção artificial.

Uma maneira simples e didática de entender a seleção artificial é fazer um paralelo com raças de cães. Afinal, estamos falando de domesticação de plantas, mas temos ótimos exemplos de domesticação de animais, tanto de estimação como de criação, que são mais próximos do nosso cotidiano. Quando começamos a domesticar cães, fizemos cruzamentos com características que esperávamos ver na prole, nos filhotes. De repente, aparecia um cão mais forte, robusto, que seria bom para o trabalho. Um mais dócil e brincalhão, bom para companhia. Outro mais agressivo, bom para segurança. Através de cruzamentos, fomos selecionando características dos cães que nos interessavam para cumprir funções específicas, e, hoje, temos raças que fazem pastoreio, puxam trenós e cargas, são guias de cegos e portadores de deficiência, fazem salvamentos etc. Também fizemos muita seleção de aparência e beleza, muitas vezes à custa da saúde dos animais. Infelizmente, hoje há animais que sofrem de displasia coxofemoral, dificuldades respiratórias, suscetibilidade a doenças de pele, surdez etc.

Fizemos o mesmo com animais de criação, selecionando galinhas que botam mais ovos, vacas que dão mais leite, porcos que engordam com mais facilidade.

Na agricultura, começamos assim também, fazendo cruzamentos para obter plantas mais altas, mais baixas, mais coloridas, mais suculentas, mais saborosas. Com o desenvolvimento da agricultura, esses processos foram ficando cada vez mais sofisticados e incluíram não somente a seleção de características desejadas e a preservação de sementes, mas técnicas para a obtenção de híbridos, diploidia, a indução de mutagênese e a propagação por mudas ou estacas e, logicamente, a produção de OGMs.

Seleção frágil

Vamos olhar com detalhes para cada uma dessas técnicas mais adiante. Antes, notemos que a seleção artificial contribui para diminuir a variabilidade genética das espécies, deixando-as mais suscetíveis a pragas e doenças e aumentando a dependência dos pesticidas e herbicidas. O crescimento e a mecanização da produção também contribuíram para ampliar essa dependência.

Grandes cientistas, como o russo Nikolai Vavilov (1887-1943), relacionaram a domesticação de plantas a centros populacionais. Vavilov, em 1935, publicou uma divisão de 12 centros de domesticação de plantas onde ainda podiam ser encontradas variedades silvestres. Sem perceber, civilizações antigas, ao "mexerem" nas sementes, transportá-las, mudá-las de lugar e selecionarem as mais interessantes, tornaram-se as primeiras a fazer modificação genética. O "quanto menos mexer, melhor" morreu ali, há mais de dez mil anos.

Até o século passado, nossa única ferramenta era a seleção artificial. Começamos a sofisticar nossos mecanismos na década de 1920, com a introdução das técnicas de hibridização, uma polinização forçada entre espécies diferentes, que gera um híbrido com características desejadas de ambos os antepassados, chamados, em linguagem técnica, de parentais. É uma maneira de obter cruzamentos que não aconteceriam espontaneamente na natureza. É sexo de plantas em casamentos arranjados. Híbridos também costumam ser mais fortes e resistentes. Não muito diferente do exemplo clássico de híbrido animal, a mula, resultado do cruzamento de cavalo com jumento. O híbrido na agricultura normalmente não aparece de modo espontâneo na natureza, e suas sementes não são reutilizadas, de maneira que o agricultor compra sementes novas todo ano. A semente híbrida não é estéril, como a mula; ela gera uma planta de nível inferior. Isso quer dizer que podemos cruzar híbridos no campo e plantar as sementes que se desenvolverem, mas a genética nos prega peças: esses descendentes tendem a reverter para as características dos parentais, perdendo as vantagens do híbrido.

O que acontece na realidade é bem mais complicado do que isso, mas vamos a um exemplo abstrato. Suponha que os parentais tenham características genéticas AA e BB, e que o que torna o híbrido mais interessante para o consumo humano seja a mistura AB, que surge da fertilização cruzada. Se permitirmos que os híbridos AB cruzem entre si, parte dos descendentes será, de novo, AA e BB, desfazendo o benefício da hibridização. Por isso, os híbridos deram origem a uma nova indústria: a de produção e venda de sementes híbridas, que existe há quase cem anos. O fato de o produtor decidir comprar sementes de uma empresa de biotecnologia todo ano era, como ainda é, uma decisão de custo/benefício. Compensava muito não ter de estocar e limpar sementes, correndo ainda por cima o risco de ver a cultura reverter para uma qualidade inferior.

O primeiro híbrido comercial, uma variedade de milho, surgiu em 1921 nos Estados Unidos, e a tecnologia foi amplamente adotada ao longo da década de 1930. Grande parte dos cultivares modernos é composta por híbridos. Podemos citar, como exemplos típicos, o milho e o morango.

Depois de um tempo fazendo cruzamentos forçados que geravam híbridos ou fazendo seleção artificial para obter cultivares com características desejadas, chegamos à era da radiação. Os anos 1950 foram marcados por descobertas de diversos usos de radiação e de compostos mutagênicos, produtos químicos que causam mudanças aleatórias no DNA das plantas. Esse conhecimento foi amplamente utilizado, e com muito sucesso, na obtenção de cultivares.

A lógica é simples: a seleção artificial depende de diversidade – se só existe um tipo de planta de determinada espécie, só uma cor de maçã ou só um formato de cereja, não há o que "selecionar". Então, para que esperar a mãe natureza, se, com radiação nuclear ou mutagênicos químicos, podemos estimular o surgimento rápido de novas variedades, plantas mutantes?

A mutagênese induzida nada mais é do que o uso de agentes químicos como etil metano sulfonato (EMS) ou radiação gama para induzir mutações nas sementes. Plantas mutantes com características desejadas são, então, selecionadas e propagadas. Nossa laranja-pera foi selecionada por esse método, gerando plantas mais produtivas. A coloração mais vermelha da toranja norte-americana também é resultado de mutação induzida. Essa prática também é permitida na agricultura orgânica. A maior parte das sementes submetidas a mutação é inviável, claro, já que o efeito dos mutagênicos é aleatório. No entanto, das que vingam, muitas se transformam em plantas com características desejáveis, que consumimos há muitos anos.

O EMS e a radiação gama são agentes mutagênicos e podem causar câncer em seres humanos. Por isso, a produção dessas sementes deve ser feita com muito cuidado. Porém, isso não quer dizer que alimentos obtidos com essas técnicas apresentem qualquer perigo para o consumidor. O produto químico e a radiação não estão presentes no alimento que vai para a prateleira. É só uma técnica de obtenção de sementes. A FAO, órgão da ONU que cuida de agricultura, registrou 3.275 cultivares obtidos com essas técnicas nos últimos 40 anos. Ou seja, você já consumiu diversos alimentos obtidos dessa maneira e nunca parou para perguntar de onde vieram.

Nunca ninguém se preocupou com esse método, se seria seguro, se significaria "brincar de deus" ou mesmo se as demais mutações induzidas junto com a característica selecionada poderiam nos fazer mal. Lembre que o mecanismo é o mesmo também para seleção artificial: quando selecionamos uma característica, digamos, uma variedade mais doce de uma fruta, não temos como saber quais outros genes estão indo de carona. É por isso que, nas raças de cães, temos problemas de saúde. Selecionamos para força, e ganhamos displasia. Para cor, e ganhamos surdez. No caso das plantas, quando isso acontecia, o problema era rapidamente detectado e o produto, descartado.

E isso acontecia? Claro que sim! Como as técnicas convencionais não são submetidas a nenhum tipo de teste de segurança antes de ir para o mercado, algumas vezes os produtos podem trazer consequências indesejáveis. O aipo, ou salsão, é um exemplo de seleção artificial que não deu muito certo. É normal as plantas apresentarem estratégias de defesa contra predadores. Isso pode incluir toxinas, causadores de alergia, algo que provoque indigestão em insetos. No caso do salsão, uma forma de proteção contra insetos é um composto bastante tóxico chamado psoraleno. Claro que, como todo veneno, sua toxicidade depende da dose (mais sobre isso adiante); então, podemos, sim, comer salsão tranquilamente. O problema é que os agricultores tentaram selecionar um salsão que fosse mais resistente a insetos, para economizar muito em inseticida. Usar menos inseticida também é bom para o consumidor, certo? Em teoria, sim, mas, no caso, acabaram selecionando um salsão que tinha uma quantidade muito grande de psoraleno. Era super-resistente a insetos, mas provocava uma superalergia nos agricultores já durante a colheita. A variedade acabou nunca sendo comercializada.

Houve também o caso da batata dos Andes. Era um híbrido feito do cruzamento de um cultivar norte-americano com uma espécie nativa da América do Sul. Ficava muito mais crocante quando frita. O detalhe é que o que a fazia ficar mais crocante era justamente a quantidade de alcaloides, uma família de moléculas orgânicas que inclui diversos venenos, como a nicotina. No caso, os alcaloides da batata crocante davam uma bela dor de barriga. Essa até foi para o mercado, mas não durou muito.

 Há casos em que os genes são perpetuados por puro acaso. A nossa cenoura só é laranja porque essa era a cor oficial da Holanda. Agricultores holandeses selecionaram essa cenoura, entre outras que iam de roxas a brancas, e que ainda existem, para agradar ao rei. Por sorte, essa cor laranja era resultado de uma quantidade grande de betacaroteno, que é precursor da vitamina A.

 Outra técnica muito usada na biotecnologia de alimentos foi a fusão de protoplastos, um tipo de célula vegetal. Manipular protoplastos para fundir ou transferir características genéticas entre espécies também é uma forma de gerar híbridos. Tomate, laranja e orquídeas são exemplos. Inclusive os orgânicos.

 Finalmente, temos a poliploidia, que é a seleção de organismos com cromossomos triplicados ou quadruplicados que geram plantas mais vigorosas, com frutos e sementes maiores. Em geral, as plantas poliploides são encontradas por seleção artificial convencional, como é o caso da banana e da batata. Em algumas situações, como no exemplo da melancia, a poliploidia é induzida quimicamente. Plantas poliploides apresentam baixa fertilidade e requerem propagação vegetativa, por mudas e estacas, resultando em populações com baixíssima variabilidade genética, mas são suculentas e saborosas!

Direto no gene

E os transgênicos? Um OGM clássico, como as principais variedades que temos hoje no mercado, é geralmente obtido pela introdução artificial, em laboratório, de um gene que não pertence normalmente àquela planta. Pode ser da mesma espécie, de outra espécie de planta ou, ainda, de uma bactéria ou vírus. A técnica mais frequente quando os primeiros OGMs foram desenvolvidos utilizava uma bactéria comum de solo – a *Agrobacterium sp* – que naturalmente infecta células vegetais para introduzir o gene de interesse na planta.

Trocas gênicas entre espécies são comuns, e não é novidade as plantas apresentarem genes de bactérias ou de vírus. Além disso, já vimos que as diversas técnicas de melhoramento genético também alteram o DNA das plantas, e de maneira muito menos precisa e controlada do que as técnicas modernas.

Quando um OGM é construído, apenas o DNA de interesse é manipulado, o resto do genoma fica intacto. O processo é preciso e pontual. Sabemos exatamente onde está a alteração. Quando induzimos uma mutação com radiação ou agentes químicos mutagênicos e selecionamos o resultado desejado, não temos controle sobre as outras alterações que podem ter sido feitas no DNA da planta. Assim, características indesejadas podem ser selecionadas em conjunto, como nos cães de raça.

Técnicas mais modernas de edição de genoma, baseadas na tecnologia de CRISPR-Cas9, atingem um grau de precisão ainda maior e não utilizam, necessariamente, DNA de outros organismos. Nesse caso, a própria definição de transgênico, como algo que envolve um gene "trans", originário de outro organismo, é questionável. Se não existe transgenia, o alimento modificado por edição de genoma é um OGM? Deve ser regulado como tal? A União Europeia acredita que sim, e também as normas de agricultura orgânica, que excluem qualquer tipo de modificação genética moderna.

Atitudes assim mostram que a regulamentação é ideológica, não científica. O "problema" dos OGMs ou da edição de genoma não diz respeito a segurança ou incerteza. Incerteza tínhamos antes, e muito mais, com as técnicas mais antigas de desenvolvimento de variedades agrícolas. O problema está no desconforto, na "moralidade", no "brincar de deus", que fica muito mais evidente quando se manipula cuidadosamente o genoma de uma planta do que quando apenas se faz sexo forçado entre elas, gerando híbridos.

Como sabemos que transgênicos são seguros

Já vimos que os produtos das técnicas tradicionais de melhoramento genético, que não passam por nenhum processo regulatório antes de ser introduzidos no mercado, podem dar errado. Isso não quer dizer que tais técnicas não sejam seguras. Pelo contrário, são utilizadas há quase cem anos e nunca registramos grandes problemas. O correto é avaliar o produto, e não a tecnologia usada para obtê-lo. A mesma tecnologia foi usada para criar milho híbrido e batata crocante. O milho nunca deu problema, mas a batata deu. Analisando caso a caso, identificamos aqueles que podem gerar problemas e os eliminamos.

Na modificação genética tradicional, isso nunca foi feito de maneira sistemática. Já para alimentos transgênicos, sim. O que, curiosamente, garante que eles sejam mais seguros ainda. São os únicos alimentos que passam por testes rigorosos antes de ser liberados para comercialização.

Alimentos geneticamente modificados demoram anos para ser liberados. São testados para alergia, são sequenciados para termos certeza de onde está a alteração genética e se não há modificações indesejadas, são testados em animais de maneira muito similar a medicamentos, a fim de detectar efeitos adversos, são testados para capacidade nutricional, para que tenhamos certeza de que não ficam devendo nada à modalidade parental de origem.

A regulamentação dos alimentos geneticamente modificados é rigorosíssima, tanto que acaba inviabilizando que universidades e pequenas empresas consigam cumprir todos os requisitos e, assim, desenvolver e comercializar suas próprias variedades. O custo para atender a todas as exigências é tão alto que acaba favorecendo justamente as grandes multinacionais.

Os reguladores exigem provas de que a nova variedade a ser colocada no mercado é geneticamente estável. Isso precisa ser demonstrado com sete gerações do cultivar, em campos de cultivo de testes, isolados, operando sob licença especial. Até hoje, não se tem notícia de variedades transgênicas em testes que tenham escapado do laboratório ou dos campos de cultivo. Após provar sua estabilidade através de gerações, a variedade pode ser testada para risco de consumo.

As exigências, aí, variam um pouco de acordo com o país. Em geral, as plantas serão testadas para toxicidade, alergia, metabolização, digestibilidade e aspectos nutricionais. Também são testadas em sua segurança ambiental, em características como potencial para se transformar em erva daninha, potencial para invadir *habitats* selvagens, potencial para atingir espécies não alvo – no caso de plantas modificadas para produzir o próprio inseticida, por exemplo – e potencial para impactar a biodiversidade. Lembrando, claro, que toda atividade de agricultura impacta o ambiente e reduz a biodiversidade. Começamos a impactar o ambiente quando deixamos de ser caçadores-coletores. A intensidade e a falta de cuidado com que fazemos isso pouco têm a ver com as tecnologias usadas. Devem-se muito mais à nossa própria irresponsabilidade como espécie.

Nesses casos, também pode dar errado? Sim, mas, com todo esse cuidado na testagem, se isso acontecer será ainda no laboratório, e não no estômago do consumidor. Em 2005, houve uma tentativa de fazer uma ervilha transgênica resistente a pragas. No entanto, demonstrou-se que o produto gerou alergia em camundongos. A ervilha nunca foi comercializada.

Em 1996, algo similar ocorreu com uma variedade de soja que expressava uma proteína da castanha-do-pará. Como castanhas são alimentos que tendem a provocar alergias, o cultivar foi testado e se verificou que realmente produziu reação alérgica em amostras de sangue de pessoas sensíveis à castanha. Esse OGM nunca foi comercializado nem chegou a ser testado no campo. Jamais foi usado, nem mesmo para ração animal.

Estudos

Ah, mas e o efeito de longo prazo? Quem me garante que os transgênicos não têm um efeito cumulativo que possa fazer mal?

O que não faltam são estudos de longa duração. A comprovação científica acumulada nas últimas décadas é bem clara quanto à segurança dos alimentos transgênicos. Em 2013, um grupo de cientistas italianos publicou um extenso estudo sobre o assunto. Os autores analisaram 1.783 trabalhos sobre segurança e impactos ambientais de transgênicos de 2002 a 2012 e não encontraram um único que demonstrasse que os OGMs prejudicam a saúde humana ou animal. Em 2014, outro estudo analisou 29 anos de uso de transgênicos na pecuária e na saúde animal, antes e depois da introdução de OGMs na ração. A maior parte dos animais de criação nos Estados Unidos é alimentada com ração cuja base é um milho geneticamente modificado, mais precisamente o milho Bt, que carrega um gene de resistência para lagartas, o que possibilita aumentar a produção usando menos pesticidas.

Estamos falando de dados de 100 bilhões de animais, desde antes de termos ração geneticamente modificada e após a introdução da ração modificada, já com 90% de ração transgênica. Não houve nenhuma diferença na saúde animal. Quando aquele amigo argumenta que precisamos de mais estudos, por mais tempo, ou que estudos com animais de laboratório não são robustos o suficiente, convém lembrar que nenhum criador reparou em animais doentes ou morrendo por terem comido milho transgênico.

Essa modalidade de milho, aliás, é também mais segura para o consumo humano. A lagarta, quando ataca as espigas, abre caminho para a colonização por fungos, que produzem toxinas fortemente relacionadas ao câncer. O milho transgênico é muito mais seguro, nesse sentido, do que o milho orgânico.

O trabalho mais abrangente sobre segurança de alimentos transgênicos foi realizado pela Academia de Ciências, Engenharia e Medicina dos Estados Unidos. A conclusão foi inequívoca: após examinar centenas de estudos sobre a segurança alimentar de OGMs, ouvir testemunhos de ativistas e levar em consideração centenas de comentários do público em geral, a Academia não encontrou nenhum indício de que alimentos transgênicos sejam diferentes de alimentos não transgênicos. Esse estudo também comparou dados de saúde pública dos Estados Unidos, onde grande parte dos cultivares é transgênica, com os do Reino Unido, onde quase não há OGMs no mercado. Não foi encontrada nenhuma diferença nos índices de câncer, autismo, alergia, doença celíaca, diabetes ou obesidade.

Ora, se transgênicos realmente causassem câncer ou qualquer um desses outros problemas de saúde, será que não estaríamos diante de verdadeiras epidemias de câncer e alergia nos bilhões de animais alimentados quase que exclusivamente com ração transgênica? E o autismo na população dos Estados Unidos, em comparação com os casos no Reino Unido?

Argumentos negacionistas

1) Os transgênicos agridem a natureza e ameaçam a sustentabilidade do planeta.

Não. Primeiro, toda atividade agrícola agride a natureza, diminui a biodiversidade e ameaça a sustentabilidade. Isso é inevitável, se temos de alimentar oito bilhões de pessoas. Vale para qualquer tipo de prática, e todas podem ser melhoradas.

Além de determinarem que os OGMs são seguros, provas científicas mostram que esses organismos também podem ser mais eficientes e requerer menos água, menos terra e menos defensivos agrícolas. Transgênicos podem ser desenhados para ser mais eficientes, no que diz respeito ao consumo de recursos ambientais, do que as modalidades "naturais" (na verdade, resultantes de técnicas primitivas de modificação genética) favorecidas pela ideologia que predomina hoje no universo da agricultura familiar e orgânica. Transgênicos também abrem a opção de usar menos defensivos ou defensivos menos tóxicos, que agridem menos o meio ambiente do que as modalidades liberadas para plantio orgânico.

Essa dicotomia, de que produtos transgênicos fazem mal ao planeta e produtos orgânicos são sustentáveis, é falsa. Como não pode usar defensivos sintéticos nem produtos geneticamente modificados, a produção orgânica usa mais terra, mais água e mais intervenções mecânicas para manejo de pragas, como aragem da terra para retirar ervas daninhas, por exemplo. Isso aumenta o uso de combustível fóssil, contribuindo para a emissão de gases de efeito estufa.

Além de determinarem que os OGMs são seguros, provas científicas mostram que esses organismos também podem ser mais eficientes e requerer menos água, menos terra e menos defensivos agrícolas.

Um estudo conduzido na Suécia e publicado na revista *Nature* utiliza um novo método, chamado de "custo de oportunidade de carbono", para medir o impacto das diferentes técnicas de manejo na emissão de gases de efeito estufa. A métrica avalia a quantidade de carbono estocado nas florestas que será liberada no desmatamento. Como a agricultura orgânica apresenta menor rendimento, o custo de carbono é bem maior.

Uma avaliação publicada no periódico *GM Crops & Food*, uma das mais extensas já realizadas sobre efeitos dos OGMs na economia e no meio ambiente, aferiu o impacto ambiental da adoção de transgênicos de 1995 a 2016 e concluiu que o uso desses cultivares reduziu os danos causados por herbicidas e pesticidas no meio ambiente em 18,4%. Além disso, reduziu o uso de combustível, simplesmente por dispensar aragem e pulverização, ao equivalente à retirada de 16,7 milhões de automóveis das ruas.

Outro estudo, conduzido no Reino Unido e publicado na *Nature Communications*, também aponta o mesmo problema. Se toda a produção do Reino Unido fosse convertida em orgânica, o rendimento cairia pela metade e o uso da terra para compensar a produção seria enorme.

Mais um exemplo: um trabalho do Departamento de Meio Ambiente, Alimentos e Assuntos Rurais do Reino Unido demonstrou que um litro de leite orgânico produz 20% mais gases de efeito estufa e precisa de 80% mais terra.

O uso do milho geneticamente modificado do tipo Bt, mencionado acima, que é resistente a um tipo de lagarta, por conter um gene da bactéria *Bacillus thuringiensis* (Bt), quase zerou a aplicação de inseticidas nessas lavouras. Esse gene faz o organismo produzir uma proteína que é tóxica para a lagarta, mas não causa absolutamente nada no sistema digestivo de mamíferos. Além de reduzir o uso de pesticida, o milho Bt diminui o risco de contaminação por micotoxinas – venenos produzidos por fungos – muito comuns no milho orgânico e que, como já vimos, podem causar câncer.

A adoção de algodão Bt na China diminuiu drasticamente o uso de inseticidas na lavoura, além de restaurar o equilíbrio ecológico. Como a toxina Bt age exclusivamente na lagarta e reduz a pulverização de inseticida, os demais insetos são poupados e podem naturalmente controlar outras pragas, como os pulgões.

Aqui no Brasil, um relatório publicado em 2017 pela ONG Conselho de Informações sobre Biotecnologia apontou que o cultivo de plantas transgênicas no país, desde 1998, contribuiu para que 839 mil toneladas de defensivos agrícolas deixassem de ser aplicadas, o que corresponde a 363 mil toneladas dos princípios ativos desses produtos. A redução de defensivos também diminui o uso do maquinário para espalhar os produtos. No período coberto pelo relatório, houve economia de 377 milhões de litros de combustível graças à adoção dessa tecnologia, o que, segundo o relatório, equivale a manter 252 mil carros fora das ruas por um ano.

Outro bom exemplo é o do feijão RMD, resistente ao vírus do mosaico dourado transmitido pela mosca-branca. Ele permitiu reduzir o número de aplicações de inseticida nas lavouras de 15-20 por safra para apenas 3. O feijão chega às nossas mesas com muito menos pesticidas.

Se a preocupação é proteger o meio ambiente e reduzir o uso de pesticidas, qual o sentido de deixar a biotecnologia de fora?

2) Produtos químicos usados no agronegócio causam câncer e os OGMs estimulam o uso desses produtos.

Nem uma coisa nem outra. Vamos à primeira afirmação: agroquímicos causam câncer. Todo produto, seja medicamento, alimento ou cosmético, precisa ser testado para toxicidade antes de chegar ao mercado. A velha máxima de Paracelso, "a dose faz o veneno", continua valendo. Toxicidade depende de dosagem. Existem produtos (até mesmo remédios) que podem fazer mal em doses muito pequenas, e, por isso, precisamos de muito cuidado ao usá-los. Outros só serão tóxicos em doses muito altas, às vezes impraticáveis. A água pode matar, se ingerida em excessos absurdos.

Os defensivos são remédios de plantas. A domesticação das plantas tornou-as mais dependentes desses medicamentos, mas isso não quer dizer que elas não tenham suas defesas naturais, que servem também de inspiração para os pesticidas sintéticos; as moléculas que as protegem contra ataques de insetos, fungos e predadores sempre existiram. Lembra do psoraleno do aipo? Bruce Ames, importante bioquímico norte-americano, catalogou uma série de produtos naturais que as plantas usam como armas contra pragas, todos bastante tóxicos para humanos.

Muitos desses compostos naturais se mostram até carcinogênicos quando testados em animais, dependendo da dose. Aliás, até mesmo o café pode ter efeito mutagênico se consumido em quantidade excessivamente alta, como mostram testes em animais. Porém, pode ficar tranquilo: teríamos de consumir aproximadamente 50 litros de café por dia, todos os dias, durante um ano, para corrermos um risco real de câncer. O mesmo raciocínio vale para os resíduos de pesticidas que chegam ao prato do consumidor. Para chegar aos níveis máximos – mas ainda considerados seguros – para resíduos de pesticidas em morangos, por exemplo, uma pessoa teria de consumir algo em torno de 1.500 morangos de uma vez só.

Mas, e o glifosato? Esse herbicida, embora muito usado (até em jardinagem), costuma ser diretamente relacionado aos transgênicos, em razão da soja Roundup Ready (RR), da Bayer, modificada para ser resistente a ele, especificamente. Por esse motivo, já foi acusado de causar muitos problemas, de autismo a câncer.

A associação com autismo foi sugerida por uma engenheira do Instituto de Tecnologia de Massachusetts (MIT), Stephanie Seneff, num gráfico muito compartilhado *on-line*, que mostra que o número de diagnósticos de autismo cresce ao longo do tempo, junto com o aumento do uso de glifosato. O gráfico de Seneff já foi desmentido inúmeras vezes. Virou até alvo de piadas. Outros cientistas criaram gráficos absurdos, relacionando outras coisas que crescem juntas ao longo do tempo. O médico norte-americano Steve Novella fez um, mostrando que o aumento nos casos de autismo também acompanha o ritmo da venda de produtos orgânicos.

Para entender como sabemos que o glifosato não causa câncer, primeiro temos de entender o que causa câncer.

O câncer é uma doença multifatorial, não tem uma causa única. Alguns alimentos, produtos e comportamentos podem aumentar a probabilidade de desenvolver um tumor, mas isso não é uma condição determinante, pois depende da interação com outros fatores aleatórios, como genética e meio ambiente. Uma pessoa pode fumar como uma chaminé a vida toda e nunca desenvolver câncer de pulmão. Essas histórias costumam virar anedotas para "provar" que fumar não é tão ruim assim. Ao mesmo tempo, pessoas perfeitamente saudáveis, que praticam esportes e se alimentam com cuidado, acabam por vezes sendo surpreendidas por um câncer fatal. Como câncer é uma soma de fatores, um jogo de azar, é muito difícil construir relações de causalidade e muitos propagadores de notícias falsas se aproveitam disso.

Como vimos no capítulo sobre tabaco, determinar a relação entre a exposição ambiental a um agente qualquer – seja fumaça de cigarro ou herbicida – e câncer não é simples, mas, se a relação de fato existe, ela deve aparecer em estudos como o que mostrou que mulheres japonesas casadas com homens fumantes tinham muito mais risco de sofrer de câncer de pulmão do que as casadas com não fumantes. Nenhum estudo sobre glifosato e câncer jamais chegou sequer perto de apontar tal correlação.

De fato, um trabalho publicado em 2017 no *Journal of the National Cancer Institute* descreveu o acompanhamento de mais de 40 mil trabalhadores rurais que apresentam a maior exposição possível ao glifosato, durante duas décadas, e mediu a incidência de vários tipos de câncer. Diferentemente do estudo das esposas japonesas de fumantes, não conseguiu estabelecer uma relação entre a doença e o herbicida.

Há ainda o argumento de que a adoção de OGMs resistentes a herbicidas leva ao abuso ou ao uso excessivo desses produtos. É preciso apontar que não há razão lógica para presumir isso: se o fato de a lavoura ser resistente estimula um certo relaxamento, não se pode negar que o herbicida custe dinheiro e qualquer desperdício pese no bolso do agricultor.

De qualquer forma, um estudo publicado no periódico *GM Crops & Food* sugere que o impacto global dos transgênicos entre 1996 e 2018 foi de queda no uso de pesticidas e de emissões de carbono. Já um trabalho publicado na revista *Science* em 2016 indica que, em certos cultivares dos Estados Unidos, a adoção de

OGMs causou queda no uso de inseticidas, mas aumento no de herbicidas, elevando o risco de que ervas daninhas estivessem se tornando resistentes ao glifosato.

A resistência ao glifosato era esperada. O uso abrangente de um produto pode provocar uma pressão seletiva para ervas resistentes, assim como antibióticos provocam uma pressão seletiva para bactérias resistentes. Assim como para antibióticos, isso pode ser um problema. Curiosamente, o trabalho publicado em *GM Crops & Food* relata que apenas 41 espécies de ervas daninhas resistentes ao glifosato foram reportadas até 2018, comparadas com 160 resistentes a herbicidas do tipo ALS e 74 resistentes a atriazina, um herbicida comum na produção de milho. A recomendação para os agricultores é incluir herbicidas com modos de ação complementares ou alternar herbicidas – uma estratégia parecida com a que usamos também em antibióticos.

Transgênicos do bem

Existem diversos produtos transgênicos, obtidos exatamente com a mesma técnica dos demais, mas que convenientemente ninguém lembra que também são transgênicos, porque não se encaixam na narrativa da falácia do natural nem da injustiça social.

O arroz dourado, por exemplo, é um OGM criado para produzir o betacaroteno, que, como vimos, é um precursor de vitamina A. Estima-se que o arroz represente 80% da base da alimentação diária de três bilhões de pessoas. Em algumas regiões do planeta, principalmente em países pobres da Ásia, o arroz é quase o único alimento. Nessas regiões, o Unicef estima que 124 milhões de crianças apresentem carência nutricional de vitamina A. Essa carência, normalmente associada a problemas de visão, acomete também o bom funcionamento do sistema imune. Outro estudo da OMS demonstra que entre 250 mil e 500 mil crianças ficam cegas por ano, metade desse número morre de infecções por fata de vitamina A. Suplementação com vitaminas sintéticas seria uma solução óbvia, mas muito cara. Um estudo publicado no *American Journal of Clinical Nutrition* demonstrou que 50 g do arroz dourado por dia suprem 60% da necessidade diária de vitamina A. Logicamente, o arroz dourado sozinho não vai resolver o problema. É claro que o ideal seria que essas crianças tivessem acesso a uma alimentação balanceada, mas, entre o ideal e o real, o arroz dourado é uma solução viável e segura para ajudar a controlar um grave problema de saúde púbica.

O arroz dourado foi desenvolvido de maneira independente pelo International Rice Research Institute (Instituto Internacional de Pesquisa do Arroz), com apoio financeiro da Fundação Bill e Melinda Gates e da Fundação Rockefeller. Seu uso é destinado a países emergentes e não tem fins lucrativos. O arroz dourado foi finalmente aprovado em 2019, após anos de espera, justamente por uma pressão muito forte de grupos contrários.

Em 1990, a produção de mamão papaia do Havaí foi acometida por uma virose. O mamão foi quase extinto nessa região, deixando diversos fazendeiros à beira da falência. Alguns anos depois, um pesquisador havaiano, Dennis Gonsalves, da Universidade Cornell, desenvolveu uma variedade transgênica que carrega um gene de vírus, conferindo imunidade ao mamão. As sementes foram distribuídas gratuitamente para os fazendeiros. Como os OGMs contiveram a disseminação da doença, da mesma maneira que ocorre com a imunidade de rebanho para uma vacina, os agricultores orgânicos também foram beneficiados e suas plantações apresentaram uma redução na infestação pelo vírus. O mesmo mecanismo foi usado pela Empresa Brasileira de Pesquisa Agropecuária (Embrapa) para desenvolver o feijão resistente ao vírus do mosaico dourado, que já mencionamos. Esse feijão reduz de 15 para apenas 3 as aplicações de inseticida nas lavouras. O resultado é um feijão com menos pesticida na nossa mesa. E mais barato, porque o produtor economiza.

Esses são apenas alguns exemplos de cultivares já aprovados. Vários outros estão em desenvolvimento em universidades e instituições independentes, sem relação com grandes corporações transnacionais. Arroz resistente a doenças, manga que amadurece mais lentamente, facilitando a exportação, feijão com mais proteínas como alternativa para veganos e vegetarianos, variedades de arroz e feijão resistentes a secas etc.

Os principais objetivos dos OGMs sempre foram a diminuição do uso de defensivos e a biofortificação, isto é, a inclusão de genes que levem a planta a ter mais nutrientes. Com a redução do uso de defensivos, diminui também a necessidade de combustível para o transporte e a pulverização, atenuando a emissão de poluentes. O aumento no rendimento permite usar menos terra e gastar menos água, contribuindo para uma agricultura mais sustentável.

Muitos advogam que a biofortificação não é necessária, mas, ao mesmo tempo, suplementamos leite e iogurte com vitamina D, água com flúor e sal com iodo. Devemos lembrar que a realidade não é a mesma para todos os locais do planeta e que nem todos têm acesso a uma alimentação balanceada e saudável.

A biotecnologia surge como uma solução viável para esses problemas. Exemplo muito recente e promissor é o *impossible burger*, carne de laboratório feita de cultura de células e plantas geneticamente modificadas para fixar mais carbono da atmosfera, contribuindo para diminuir o aquecimento global. O *impossible burger* tem um segredo para parecer carne de verdade: a proteína "heme", que faz o hambúrguer "sangrar" e confere sabor e textura característicos. É a leg-hemoglobina de soja, uma hemoglobina de legume, feita com modificação genética de leveduras. Esse processo permite fabricar essa proteína sem ter de extraí-la de plantações de soja, contribuindo para um planeta mais sustentável e para mudanças de hábito necessárias. Um dos maiores problemas do aquecimento global é a criação animal. Se tivermos alternativas ao consumo de carne, poderemos diminuir gradualmente a criação.

Temos exemplos de transgênicos na saúde e na medicina também, que geralmente são ignorados nas críticas, mas as técnicas de transgenia são exatamente as mesmas.

O primeiro OGM de sucesso na medicina foi o desenvolvimento de bactérias geneticamente modificadas que produzem insulina humana. A insulina produzida por bactérias é idêntica à humana e, por isso, não causa rejeição ou alergias, como aquela extraída do pâncreas de porcos ou vacas.

Citemos agora um caso relacionado à pandemia de Covid-19. As vacinas vetorizadas, como AstraZeneca, Janssen e Sputnik V, utilizam adenovírus como portadores de genes do coronavírus. Esses adenovírus são capazes de infectar células humanas e induzir à fabricação da proteína viral. São modificados para perder a capacidade de replicação dentro das células humanas, uma garantia de segurança. Como são organismos de um tipo (adenovírus) que, por manipulação humana, passa a carregar uma sequência genética de outro (coronavírus), encaixam-se perfeitamente na definição de transgênico. Por isso, aqui no Brasil, além da Anvisa, essas vacinas precisam da autorização da CTNBio. Essa autorização foi concedida e não há notícia de que a Campanha Brasil Livre de Transgênicos tenha feito algo a respeito.

Se escapamos de manifestações contra a biotecnologia presente nas vacinas, a pressão contra os transgênicos já causou danos econômicos importantes pelo mundo. Em 2019, chegou ao fim, no estado australiano Austrália Meridional, uma moratória que proibia o cultivo de transgênicos ali. Ela havia sido imposta na esperança de que a demanda por lavouras tradicionais, mais caras, sustentaria a agricultura local, o que não se confirmou. Um estudo mostrou perdas de 33 milhões de dólares australianos desde que a medida entrou em vigor, em 2004. Alguns produtores estão migrando para a agricultura orgânica não porque acreditem que ela seja melhor para a saúde ou para o meio ambiente, mas porque é vendida a preços mais altos, para um público *gourmet*.

A cadeia de restaurantes mexicanos Chipotle passou a usar óleo de girassol em vez do de soja, a fim de agradar aos consumidores orgânicos. A jogada de *marketing* foi anunciar que a empresa tem preocupação com a saúde e o meio ambiente e atrair clientes com esse perfil. A soja está em geral associada ao uso do herbicida glifosato, injustamente acusado de causar desde câncer até unha encravada, como já explicamos aqui. O que a empresa não contou a seus clientes, no entanto, é que as sementes de girassol são modificadas – por técnicas convencionais – para ser resistentes a outro tipo de herbicida, o inibidor de ALS, e acabam usando muito mais pesticida do que a soja.

A fabricante de doces e chocolates Hershey, também pressionada por grupos contrários à biotecnologia, optou por substituir o açúcar derivado de beterraba geneticamente modificada por açúcar de cana. Alguns problemas nesse raciocínio, que, afinal, só serve para agradar a um público desinformado e ideológico: o açúcar não contém DNA; então, se a preocupação dos anti-OGMs é não ingerir DNA modificado com técnicas de transgenia, não haveria motivo para preocupação. Não há como distinguir uma molécula de açúcar pela sua origem, é tudo açúcar. Segundo, a maior parte do açúcar de cana nos Estados Unidos e na Europa é importada, e sabemos que o cultivo de cana ocupa uma grande extensão de terra e que a queima da cana estraga o solo. Como é preciso importar, o custo do carbono aumenta com o combustível do transporte, ou seja, o consumidor não estará desfrutando de um produto mais saudável, tampouco mais sustentável. Apesar disso, a decisão da Hershey foi comemorada pelos ativistas pró-orgânicos nos Estados Unidos como uma vitória para o consumidor.

HOLOCAUSTO

> *Os SS adoravam nos dizer que não tínhamos chance de escapar vivos, um ponto que faziam questão de enfatizar com especial deleite, insistindo que após a guerra o resto do mundo jamais iria acreditar no que aconteceu; haveria rumores, especulações, mas nenhuma prova irrefutável, e todos iriam concluir que um mal de tamanha magnitude jamais seria possível.*
>
> Terrence des Pres, *The survivor* (citado em *Denying history*, de Michael Shermer e Alex Grobman; nossa tradução)

A palavra "negacionismo" surgiu para designar um movimento muito específico, o de negação do Holocausto, o assassinato em ritmo industrial de seis milhões de judeus pelo governo nazista da Alemanha entre 1941 e 1945. É com esse negacionismo original que decidimos fechar esta obra.

O negacionismo do Holocausto, à primeira vista, parece uma piada tão sem graça quanto o movimento terraplanista. Quem, em sã consciência, contestaria a existência de um dos eventos mais bem documentados da história, do qual há ainda hoje centenas de milhares de testemunhas pelo mundo? Acontece que, assim como a negação da ciência, a negação da história é uma arte perversa. Envolve distorcer os fatos e diminuir sua importância.

As consequências podem ser graves. Por isso, movimentos negacionistas devem ser levados a sério e combatidos.

Assim como muitas pseudociências, a negação do Holocausto vem disfarçada de ciência, com a pretensão de enganar os incautos, tentando também disfarçar seu antissemitismo. Não se engane. Negar o Holocausto é um ato antissemita, e fantasiar de ciência essa alegação é o que todas as pseudociências fazem: usurpar a credibilidade da ciência para dar fé às ideias malucas em que acreditam. Da mesma maneira que o movimento antivacinas é organizado e financiado por interesses privados, também o negacionismo do Holocausto se organiza em institutos que tentam se passar por centros de pesquisa e se apoiam em historiadores com todas as credenciais corretas – são de fato historiadores –, com o único intuito de plantar a dúvida e transformar uma das atrocidades mais bem documentadas da história em mais uma "controvérsia" e em questão de opinião.

Negar o Holocausto é um ato antissemita, e fantasiar de ciência essa alegação é o que todas as pseudociências fazem: usurpar a credibilidade da ciência para dar fé às ideias malucas em que acreditam.

Assim como o movimento antivacinas é imoral, porque coloca em risco a vida de milhares de pessoas, negar o Holocausto é imoral, porque acusa de mentirosas todas as vítimas e descendentes desse marco negativo na história da humanidade. Além de tentar impedir que os sobreviventes e judeus do mundo todo relembrem, com a missão de nunca esquecer, para que nunca se repita.

A origem do movimento

A negação do Holocausto, na verdade, tem suas raízes nos anos 1930, quando alguns historiadores questionaram a interpretação do que realmente teria acontecido na Primeira Guerra Mundial. Questionaram principalmente a responsabilidade da Alemanha pela Segunda Guerra, alegando que os Estados Unidos haviam interferido demais. Após a Segunda Guerra, o chamado revisionismo histórico – que, em tese, pode ser uma coisa boa, que tenta corrigir narrativas históricas enganosas – questionou o Tribunal de Nuremberg, alegando que ele havia sido uma corte implementada pelos vencedores e, como tal, só poderia ser enviesado e injusto.

Michael Shermer e Alex Grobman fazem um levantamento histórico detalhado do início do movimento negacionista em seu livro *Denying history* (*Negando a história*). Para eles, o provável primeiro negacionista público foi o escocês Alexander Ratcliffe, líder da Liga Protestante Britânica. Seus argumentos eram explicitamente antissemitas. Ele dizia claramente que o Holocausto era uma invenção dos judeus, e, quando confrontado com fatos como as imagens dos campos de concentração, afirmava que estas eram falsas, fabricadas pelo cinema judaico.

O primeiro revisionista de fato teria sido o socialista francês Paul Rassinier, que, curiosamente, atuou como pacifista na Segunda Guerra e até ajudou judeus a fugir para a Suíça. Rassinier não era antissemita. Ele foi preso pelo regime nazista em 1943 e enviado para campos de concentração. Nos campos onde ficou internado, não havia extermínio. Quando chegaram os relatos de como eram outros campos, ele duvidou e achou que havia exagero ou mesmo mentira. Concluiu que, se estavam "mentindo" sobre a presença de câmaras de gás nos campos, o número de judeus mortos deveria ser, na realidade, muito menor. Em 1978, publicou o livro *Debunking the genocide myth: A study of the Nazi concentration camps and the alleged extermination of European Jewry* (*Desmentindo o mito genocida: Um estudo dos campos de concentração nazistas e a suposta exterminação dos judeus europeus*).

Em 1977, Arthur Butz, professor de engenharia elétrica da Universidade de Northwestern, nos Estados Unidos, juntou-se a esses primeiros revisionistas. Escreveu o livro *The hoax of the twentieth century* (*A mentira do século XX*), que obteve bastante repercussão na mídia. O livro mostra uma mudança de tom na negação do Holocausto que é comum a muitas pseudociências: a tentativa de se fantasiar de ciência e de atividade estritamente acadêmica, fingindo não ter nenhuma ideologia política e tentando se afastar das acusações de antissemitismo.

Diferentemente dos seus antecessores, que acusavam os judeus e tentavam eximir os nazistas de qualquer responsabilidade, Butz passa uma primeira impressão de estar apenas buscando fatos. Será que morreram realmente seis milhões? Será que realmente foram exterminados ou teriam apenas morrido de fome e doença? Butz tenta levantar essas dúvidas, sempre deixando claro que mesmo morrer de fome e doença seria inaceitável.

De acordo com a historiadora Deborah Lipstadt, uma das maiores pesquisadoras sobre negacionismo do Holocausto, uma análise mais profunda dos escritos de Butz mostra que, embora o formato tenha mudado, o conteúdo permanece o mesmo. Como todo negacionista, o autor não aceitava argumentos contrários e os desqualificava como mentiras deslavadas e absurdas. Relatos de sobreviventes eram descritos como "cheios de lamúrias estridentes sobre extermínio". Histórias sobre as câmaras de gás eram "propagandas de guerra fantasiosas". Butz também defendia que as principais vítimas da Segunda Guerra teriam sido o povo alemão e o povo austríaco. Uma análise ainda mais cuidadosa mostra que ele utilizava bem as teorias da conspiração, descrevendo os judeus como um dos grupos mais poderosos do mundo, com capacidade de manipular governos, mídia e determinar políticas internacionais.

O Holocausto teria sido uma invenção dos judeus para legitimar o movimento sionista. Butz tentava até justificar a frase utilizada por Hitler "*Vernichtung des Judentums*", a destruição do judaísmo. Butz dizia que, embora a frase realmente pudesse ser interpretada como um desejo de exterminar todos os judeus, ela também podia ser entendida como um desejo de exterminar a influência e o poder dos judeus sobre o mundo. Essa nova abordagem da negação do Holocausto, cheia de relativismos e fantasiada de atividade acadêmica legítima, torna-se, então, a estratégia predominante, e dá origem ao negacionismo institucionalizado.

O Instituto para o Revisionismo Histórico

Todos esses livros acabaram servindo de base para o nascimento do Institute for Historical Review (IHR – Instituto para o Revisionismo Histórico), que existe até hoje. Fundado em 1978 pelo ativista de extrema direita Willis Carlo nos Estados Unidos, o instituto tem como missão desafiar a história do Holocausto, mantendo uma aura de instituição acadêmica respeitada.

O IHR ficou conhecido em 1980, quando lançou seu prêmio de 50 mil dólares para quem provasse que os judeus foram exterminados em câmaras de gás em Auschwitz:

> O candidato deve apresentar provas documentais como diários, fotografias, filmes, documentos oficiais e não oficiais, e também provas forenses. Se há acusação de assassinato, então, também deve haver cadáveres ou partes de cadáveres, prova chamada de *corpus delicte* [corpo de delito].

Mell Mermelstein, sobrevivente do Holocausto, decidiu encarar o "desafio" e juntou as provas documentais necessárias, incluindo uma ata notarial sobre sua permanência em Auschwitz e um relato de como testemunhou a mãe e duas irmãs, juntamente com outros judeus, serem encaminhadas ao que ele depois ficou sabendo ser a "câmara de gás número cinco". O IHR se recusou a pagar ao prêmio. Mermelstein processou o instituto na Corte Superior de Los Angeles por quebra de contrato, intenção de descumprimento de obrigação, difamação, negação injuriosa de fato estabelecido, inflição intencional de sofrimento emocional e ação declaratória do *status* da controvérsia. O juiz Thomas J. Johnson decidiu que, por ser fato notório que os judeus foram assassinados em câmara de gás no campo de concentração de Auschwitz, na Polônia, durante o verão de 1944, a Corte trataria a existência das câmaras de gás como um acontecimento patente, não havendo necessidade de comprová-la. O juiz determinou o pagamento não somente dos 50 mil devidos, mas também de outros 40 mil a título de indenização pelo sofrimento causado. Também estabeleceu que fosse enviado um pedido de desculpas formal a Mell Mermelstein e a todos os sobreviventes de Auschwitz. Na época, o IHR alegou que não contestou o julgamento e decidiu cumprir o pagamento, simplesmente porque não tinha recursos para encarar uma batalha judicial maior.

A figura mais marcante do negacionismo do Holocausto é certamente David Irving. Apesar de não ser propriamente um historiador, ele escreveu obras importantes sobre a Segunda Guerra e ganhou, com isso, certo respeito acadêmico. Ele também não era formalmente afiliado ao IHR, mas marcava presença em todos os congressos e seminários oferecidos pelo instituto, sempre proferindo palestras negacionistas.

Usando a mesma tática de Butz, buscava negar "aspectos" do Holocausto. Estimava que o número real de judeus mortos era de 600 mil e se contradizia constantemente. Certa vez, em entrevista para uma rádio australiana, chegou a admitir números maiores, de até quatro milhões, mas sempre com a desculpa de que teriam morrido de fome e doença. Irving negava o uso de câmaras de gás e o próprio envolvimento de Hitler. Foi banido de vários países por sua conduta antissemita. Como contam Shermer e Grobman, em 1992, ele deu uma palestra na Alemanha, alegando que as câmaras de gás em Auschwitz eram falsas e haviam sido construídas após a guerra. Foi multado em três mil marcos por essa fala. Como se recusou a pagar, foi multado em 30 mil marcos. No final do mesmo ano, recebeu a notificação de que não poderia entrar no Canadá, onde pretendia receber um prêmio de uma organização conservadora. Mesmo assim, ele foi, o que resultou em sua prisão e deportação, com o aviso de que, na Alemanha, sua fala configurava discurso de ódio. Também foi proibido de entrar na Austrália, na Nova Zelândia e na África do Sul.

Como ocorre com tantos outros negacionismos, a reação entre os acadêmicos legítimos é confusa. Muitos defendem que é melhor não se engajar com os negacionistas, sob o risco de legitimá-los e tratá-los como iguais. Outros alegam que, se os pesquisadores sérios se calam, a versão negacionista ganha força. Deborah Lipstadt pertence a esse segundo time. Ela é uma das mais conhecidas e respeitadas historiadoras do Holocausto. Escreveu *Denying the Holocaust* (*Negando o Holocausto*) em 1993. Nesse livro, expõe claramente todos os negacionistas, incluindo Irving. Lipstadt o considera o mais perigoso dos negacionistas, justamente por ser um autor consagrado e respeitado no meio acadêmico e por estar acostumado ao jargão e ao uso de comprovações históricas, o que facilita a distorção dos fatos, dando-lhes aura de verdade. Irving processou Lipstadt e a editora Penguin Books por difamação. Diversos historiadores foram chamados como testemunhas no processo e, após dois meses de julgamento, o juiz Charles Gray decidiu a favor de Lipstadt, referindo-se a Irving nos autos como "negacionista do Holocausto" e "polemicista de direita pró-nazista".

Afinal, o que exatamente eles negam?

Existem dois tipos de negacionistas do Holocausto: os que afirmam que o massacre nunca aconteceu, que a narrativa dos seis milhões de mortos é invenção dos judeus para garantir seu próprio Estado, e os que concordam que havia um forte movimento antissemita na Alemanha nazista, que os campos de concentração eram reais, que não eram campos de extermínio, e sim campos de trabalho, e que não existia um plano de eliminação dos judeus. A maioria dos negacionistas modernos se encaixa nesse último tipo.

Os judeus – e outros levados aos campos: homossexuais de qualquer etnia, ciganos e demais "indesejáveis" aos olhos dos nazistas – teriam morrido de fome e doença, como consequência natural da guerra. O número de seis milhões de mortes estaria exageradamente inflado: a cifra "real" não passaria de algo entre 300 mil e, no máximo, um milhão.

A linha adotada por Irving e Butz é exatamente essa. Quando questionados sobre o motivo de negarem o Holocausto, os negacionistas são rápidos na resposta: não o negam; negam apenas alguns aspectos e exageros. Além dos números e das questões técnicas, o que mais frisam é que nunca existiu intenção de eliminar os judeus com base em racismo ideológico. Admitem que Hitler odiava os judeus e promovia discurso de ódio. Admitem que os judeus foram deportados e suas propriedades e bens, confiscados. Até admitem que eles foram encaminhados a campos de concentração, mas negam o extermínio, as técnicas utilizadas e os números.

Os argumentos são muito semelhantes aos construídos por defensores de pseudociências. Tomam um ou dois fatos reais e distorcem o restante para construir um simulacro de narrativa plausível: as câmaras de gás tinham sistema de ventilação, por isso não poderiam ter sido projetadas para o extermínio. Nem todos os campos de concentração tinham câmaras de gás, então, isso prova que não havia um plano para assassinato em massa. O gás utilizado era para desinfecção, e não para ser usado em humanos.

    A tática mais usada pelos negacionistas é mirar em um fato isolado, distorcê-lo ou neutralizá-lo, retirando-o do contexto adequado, e usar essas manobras como base para uma ampla generalização. Um bom exemplo é o gás Zyklon-B, o mais utilizado nas câmaras da morte. O IHR usa a confissão de Rudolf Hoss, comandante nazista de Auschwitz, como ponto de partida. Ross teria dito em sua confissão que os soldados fumavam cigarros enquanto removiam os corpos dos judeus mortos, dez minutos após o extermínio. O gás Zyklon-B é inflamável, então, como isso poderia ser verdade? Tudo ao redor teria explodido, raciocinam. Portanto, a confissão de Hoss seria falsa, e as câmaras de gás nunca teriam sido usadas para matança. Contextos omitidos: tudo depende da concentração do gás. Em partes por milhão, como era utilizado, e com os sistemas de ventilação implantados pelos nazistas, justamente para dispersar o veneno após ele ter cumprido seu papel, não havia perigo de explosão.

    O fato de nem todos os campos terem câmaras de gás também é utilizado como argumento de que não havia um plano de extermínio em massa. Como se fuzilamentos e injeções letais fossem menos definitivos.

    A estimativa de seis milhões é realmente uma estimativa, mas é boa. Foi calculada com base em curvas demográficas de população, como o número de judeus que viviam na Europa antes da guerra, o número de judeus que emigraram, o número dos que foram levados aos campos, conforme registrado pelos alemães, e o número dos que sobraram na Europa depois da guerra.

Também muito presente é a tentativa de relativizar o Holocausto ou o que chamamos hoje de "competição de miséria". Muitos negacionistas tentam comparar o Holocausto a outras tragédias históricas, defendendo que o que aconteceu com os judeus na Segunda Guerra não é diferente do que aconteceu em outras nações e guerras. Questionam por que damos atenção especial ao extermínio de judeus, mas não de outros grupos. Muitos citam a bomba atômica no Japão, certamente uma tragédia, e as guerras em geral, alegando que muito mais russos morreram na Segunda Guerra, por exemplo, do que judeus.

Embora os fatos sejam verdadeiros, a comparação não procede. Uma coisa é a perda – lamentável – de vidas de soldados quando as nações estão em guerra. Outra é o planejamento sistemático do extermínio de uma etnia, o próprio conceito de genocídio. Genocídio pressupõe a intenção de exterminar determinado grupo de pessoas, por etnia, religião ou ideologia política.

É didático notar que a negação das ciências naturais segue modos retóricos e estruturas falaciosas parecidas. Vimos, no caso do DI, a tentativa de negar a evolução darwiniana. Se é, aparentemente, impossível explicar como um flagelo de bactéria evoluiu – eis o fato isolado que parece notável por estar fora do contexto correto –, então, toda a teoria da evolução é falsa. Há, no entanto, uma explicação para o flagelo que não requer a intervenção de um ser divino, mas os criacionistas a ignoram, como já explicamos. O mesmo raciocínio é usado para as câmaras de gás.

Na maioria dos negacionismos, não há interesse em realmente levar a conversa até uma conclusão sólida, somente em plantar a dúvida. Aos poucos, constrói-se uma narrativa paralela que sustenta uma máscara de plausibilidade.

Como sabemos que o Holocausto aconteceu?

Ao contrário do que os negacionistas afirmam, o Holocausto não pode ser reduzido a uma mera justaposição de fatos isolados. Existe uma convergência de indícios que apontam para uma mesma conclusão: a Alemanha nazista pôs em prática um plano de extermínio, de assassinato covarde e em escala industrial, para eliminar o povo judeu. Nesse processo, foram mortas mais de seis milhões de pessoas, desarmadas e indefesas. Em *Denying history*, Michael Shermer e Alex Grobman resumem essa convergência, formada por:

- documentos escritos, cartas, memorandos, ordens militares, discursos, memórias e confissões;
- testemunhos e confissões de sobreviventes, de judeus *Sonderkommandos*, que eram forçados a levar os demais às câmaras de gás e, depois, dispor dos corpos – foram encontrados seis diários de *Sonderkommandos*, com descrições detalhadas do funcionamento das câmaras de gás –; de soldados da SS; de comandantes nazistas, que falaram abertamente sobre o assunto em suas confissões; de habitantes dos arredores dos campos de extermínio;
- fotografias, incluindo fotografias militares oficiais, fotografias clandestinas tiradas por sobreviventes,

fotografias aéreas e fotografias não oficiais tiradas pelos militares alemães;

- os campos em si, de concentração, de trabalho, de extermínio;
- prova inferencial, baseada em dados demográficos de antes e depois da guerra: se não foram mortos, o que aconteceu com os seis milhões de judeus que desapareceram?

Além da convergência dos indícios, a historiadora Debora Lipstadt, em *Denying the Holocaust*, propõe um exercício: para que os negacionistas estejam certos, quem precisa estar errado ou mentindo?

Em primeiro lugar, as vítimas. Todos os sobreviventes que partilharam conosco os horrores da guerra teriam de ser mentirosos e conspiracionistas, parte de um plano sionista secreto. Em segundo lugar, os observadores, principalmente os poloneses, que viam seus vizinhos serem arrancados de suas casas e levados em trens para nunca mais voltar. Finalmente, os próprios nazistas. Nenhum oficial nazista negou o que aconteceu. Eles se defendiam dizendo que cumpriam ordens, que não tinham escolha, mas nunca dizendo que aquilo não acontecera.

> **Quem vai acreditar que a Terra é plana? Ou que o Holocausto não aconteceu? Sem contraponto, as mentiras crescem, ganham força. E o tempo passa. E quando muitos anos se passam, as pessoas esquecem.**

Por que combater o negacionismo histórico?

A pseudo-história é perigosa, assim como as pseudociências que tentam se passar por biologia, física etc. Por mais banal que possa parecer, por mais inofensiva, por mais risível – afinal, quem vai acreditar que a Terra é plana? Ou que o Holocausto não aconteceu? Sem contraponto, as mentiras crescem, ganham força. E o tempo passa. E quando muitos anos se passam, as pessoas esquecem.

Natalia, coautora deste livro, é neta de sobreviventes. Este é seu relato:

> Meu avô fugiu da Alemanha nazista em 1938, logo antes de a guerra estourar. Ele tinha 18 anos e a família só tinha dinheiro para um deles fugir. Ele era jovem e homem, o que tinha mais chance. Deixou para trás os pais e a irmã, que nunca mais viu. Segundo meu pai, meu avô guardava as cartas que trocou com a família desde que chegara no Brasil até o dia em que elas simplesmente pararam. Ele costumava reler as cartas de madrugada, e chorava. Meu pai conta também que minha avó tinha tanta raiva daquelas cartas que faziam meu avô chorar que, após a morte dele, jogou tudo fora. Meu avô morreu em 1983. Se minha avó imaginasse que o negacionismo do Holocausto estava ganhando força justamente nessa época nos Estados Unidos, talvez tivesse guardado as cartas como mais uma prova. Meu pai nunca conheceu seus avós ou seus tios. Herdou do meu avô a culpa do sobrevivente e a missão de garantir que suas filhas e neta não esquecessem.
>
> Minha lembrança mais forte das conversas com meu pai sobre a guerra é da negação do meu próprio bisavô.

Contava meu pai que meu bisavô acreditava que o nazismo era apenas uma moda, que ia passar sem causar maiores danos. Que os judeus sempre haviam sido muito bem-vindos na Alemanha e que aquilo tudo ia passar. Talvez por isso tenha demorado tanto a fazer os arranjos necessários para a fuga do meu avô. E talvez por isso só meu avô tenha fugido e sobrevivido.

Negar o negacionismo também tem riscos. Se ignoramos esses movimentos, eles crescem. O Holocausto nos mostrou o que acontece quando homens de bem acreditam que algo é tão absurdo que nunca vai acontecer.

Hoje, acreditamos que o criacionismo disfarçado de ciência é uma doutrina tão boba que jamais chegará às escolas. Acreditamos que o movimento antivacinas nunca vai crescer no Brasil, porque sempre tivemos uma tradição tão forte de excelentes campanhas de vacinação. Acreditamos que o antissemitismo organizado nunca vai voltar, porque o mundo aprendeu sua lição, que a negação do Holocausto é tão absurda que jamais vai "colar".

Mas, assim como as pseudociências se vestem de ciência, criam periódicos e centros de pesquisa próprios e se escondem atrás de uma camuflagem acadêmica, a pseudo-história da negação do Holocausto também esconde sua essência racista atrás de jalecos, institutos de pesquisa e publicações "científicas". Não nos deixemos enganar: negar o Holocausto ou minimizá-lo é antissemitismo. Não se pode relativizar a verdade.

"Nunca esquecer" é o lema do Dia Internacional em Memória das Vítimas do Holocausto, celebrado no dia 27 de janeiro, marcando a data em que os russos libertaram o campo de Auschwitz. Hoje, lembro-me de meu avô chorando com as cartas da família que ele perdeu na guerra e recordo uma tirinha de quadrinhos que li há muito tempo. Retratava uma criança conversando com o avô, que chorava. A menina perguntava: "Vovô, se dói tanto olhar para essas fotos e contar essas histórias, por que o senhor faz isso?". E ele respondia: "Para que você não esqueça".

EPÍLOGO

No conto "A roupa nova do imperador", basta a voz de uma criança – denunciando que o monarca está nu – para quebrar o encanto negacionista que tomara conta de toda a capital do reino. De repente, todos param de fingir que o rei está suntuosamente vestido e passam a rir-se do fato, evidente, de que ele está mesmo nu.

Tudo indica que o autor da história, o dinamarquês Hans Christian Andersen (1805-1875), era um otimista incorrigível (para quem duvida, ele também criou a fábula "O patinho feio"). No mundo real, a criança do conto "A roupa nova do imperador" seria presa ou seus pais seriam subornados. O primeiro escalão do governo de Sua Majestade lançaria uma campanha publicitária maciça para reforçar o mito de que só canalhas comunistas (ou canalhas neoliberais, dependendo da orientação política do império), afinal, não enxergam as roupas do rei. Os programas de debate na TV e as páginas de opinião dos jornais seriam inundados por intelectuais e celebridades debatendo "os dois lados" da questão: afinal, o imperador estava mesmo nu ou não?

Você decide.

Os negacionismos tendem a cumprir pelo menos uma de três funções: confundir o debate, paralisando a tomada de decisões ou embaraçando a adoção de políticas públicas; criar um espaço psicológico que permita que certas atitudes irracionais sejam apresentadas como razoáveis ou dignas de mérito; e gerar sentimento de solidariedade ideológica, lealdade e coesão interna em grupos que partilham de uma identidade comum.

Não raro, como nos casos da negação dos benefícios das vacinas e da rejeição aos transgênicos, todas as três funções são fundamentais. No terraplanismo ou na negação do Holocausto, o espaço psicológico e a coesão emocional parecem ser as facetas mais relevantes.

Enxergar essas funções com clareza é tão importante quanto encontrar e disseminar os fatos corretos. No limite, não há argumento ou exposição fatual capaz de fazer um negacionista realmente convicto mudar de ideia. Sempre é possível questionar premissas, relativizar informações, reinterpretar fatos e, se tudo o mais falhar, buscar refúgio numa teoria de conspiração: "A realidade parece contrariar minhas crenças, porque isso é o que 'eles' querem". Compreender a motivação por trás desse tipo de fuga pode ser essencial para estabelecer (ou restabelecer) o diálogo em algumas situações.

No entanto, também é importante entender que, no debate público, embora muitas vezes nos vejamos discutindo *com* negacionistas convictos, raramente estamos discutindo *para* eles. O verdadeiro destinatário dos fatos e argumentos que apresentamos deve ser, na imensa maioria das ocasiões, a audiência mais ampla – as pessoas que acompanham o debate pelo lado de fora, curiosas a respeito do assunto, mas ainda sem opinião formada ou convicção.

Poucas experiências psicológicas são mais potentes que a da conversão – a impressão de que escamas nos caem dos olhos e, enfim, vemos a luz verdadeira e, assim, pela primeira vez, o mundo realmente faz sentido. É senso comum entre as mais diversas religiões que os convertidos tendem a ser muito mais zelosos do que os nascidos na fé. O mesmo vale para ideologias, incluindo ideologias negacionistas. Trazer alguém de volta da toca do coelho que leva ao País das Maravilhas é extremamente difícil. Melhor evitar que as pessoas ou a sociedade inteira caiam nela.

Isso porque a realidade e a natureza seguem indiferentes à fantasia humana e, cedo ou tarde, o universo trata de nos desiludir. Em uma de suas fábulas, Esopo (620-564 AEC) conta de um homem que, por vários dias seguidos, procura um médico e lhe descreve sintomas – primeiro, suores; depois, calafrios; enfim, diarreia –, e o médico, sorrindo, diz-lhe sempre: "Isso é bom". A fábula termina com o homem contando a um parente: "Estou morrendo do que é bom!".

Esse é o caminho do negacionismo.

Especificações técnicas

Fonte: Adobe Garamond Pro 12,5 p
Entrelinha: 18,3 p
Papel (miolo): Off-white 70 g/m^2
Papel (capa): Cartão 250 g/m^2